你要对得起受过的苦

【韩】赵城姬 著
朱霞 译

时代文艺出版社

图书在版编目（CIP）数据

你要对得起受过的苦 /（韩）赵城姬著；朱霞译. —长春：时代文艺出版社，2016.5
ISBN 978-7-5387-4981-6

Ⅰ.①你… Ⅱ.①赵… ②朱… Ⅲ.①女性－成功心理－通俗读物 Ⅳ.①I848.4-49

中国版本图书馆CIP数据核字（2015）第282075号

出 品 人	陈 琛
产品总监	郭力家
责任编辑	曾艳纯
装帧设计	陈 阳
排版制作	吴 桐

本书著作权、版式和装帧设计受国际版权公约和中华人民共和国著作权法保护
本书所有文字、图片和示意图等专有使用权为时代文艺出版社所有
未事先获得时代文艺出版社许可
本书的任何部分不得以图表、电子、影印、缩拍、录音和其他任何手段
进行复制和转载，违者必究

Korea Edition Copyright © 2014 by Starrich Books Co.,Ltd All Reserved.
Chinese Translation Copyright © 2016 by 时代文艺出版社.
이 책의 중국어판 저작권은 Starrich Books와의 계약으로 时代文艺出版社
가 소유합니다. 저작권법에 의하여 중국 내에서 보호를 받는 저작물이므로 무단전재와 무단복제를 금합니다.
著作权合同登记 图字：07-2015-4577号

你要对得起受过的苦

[韩] 赵城姬 著　朱霞 译

出版发行 / 时代文艺出版社
地址 / 长春市泰来街1825号　时代文艺出版社　邮编 / 130011
总编办 / 0431-86012927　发行部 / 0431-86012957　北京开发部 / 010-63108163
网址 / www.shidaicn.com
印刷 / 三河市万龙印装有限公司
开本 / 880mm×1230mm　1 / 32　字数 / 170千字　印张 / 8.25
版次 / 2016年5月第1版　印次 / 2016年5月第1次印刷　定价 / 32.00元

图书如有印装错误　请寄回印厂调换

前言

平生第一次参加全程42.195公里的马拉松比赛!

跑到37公里处一下子瘫坐在地上。脑子里一片空白,往事像走马灯似的在眼前一闪而过。倒在这里,还是站起来继续奔跑?现在就是99度地点,再跑1度就是胜利。顿然精神了,猛然站起来,拼命向前奔跑……

小时候,我在黑暗里挣扎。我不愿意让人看见黑洞里寒酸的我。越是这样想,越感到痛苦。我蹲在伸手不见五指的黑洞里悲伤地痛哭流泪,然而没有人关心我。我渴望跟人交流,但总是形单影只。在可怕的孤寂中,我喘不过气来找不到生活的意义。觉得除了我世人都很幸福。每天早晨都不愿意睁眼,我讨厌在负面感情的深渊里挣扎的自己。心想,与生俱来我就是黑夜的女儿,因此自暴自弃。

这样的我,从某一瞬间开始变了。我从22岁开始刻苦学习英语,现在用英语给大企业员工讲课。过去没有自信,态度消极,说话时不敢与人对视。现在我作为世界畅销书《秘密》里的导师鲍勃·普朗克特唯一的韩国业务合作伙伴,建立了一所以自己名字命名的心理学校,从事自己喜欢的事业。

原本身体虚弱、天天吃药的我,仅凭一个半月的训练就挑战全程42.195公里的马拉松比赛,用4小时22分跑完了全程。我保持健美的身材,生机勃勃,充满活力。这是过去我连做梦都不敢想的事情。现在,我感觉每一个瞬间都很幸福,常常情不自禁地自言自语"Amazing! Amazing!"(好得惊人)。

在我校学习的一位40多岁女人成为经营两个公司的老板,一位单身女子开办的餐馆仅用4个月就成了有名的美食店,一位愁眉苦脸的经理日销售额竟然达到5000万韩元。还有一个小学4年级男孩儿仅用3个月的努力就参加了英语会话大会摘取了金奖,而且没有经过ELS考试就被纽约的一所小学名校录取。

在过去的6年里,赵城姬心理学校帮助很多人运用"心理威力"改变了自己。我确信,我们的内心有无限的潜能,与年龄、环境无关,只要把潜能发挥出来,谁的人生都会精彩。为了共享这一惊人的事实,我决定出版这本书。

我全身心地投入到这本书的写作中。书里还收录了通过心理教育改变人生的真实故事。为了撰写这本书,我长期熬夜,疲惫不堪,但一想到许多读者读了这本书后将会度过幸福而精彩的人生,我就感到无比幸福。

翻开这本书的您,是为了幸福来到这个世界的。我堂堂正正地站在太阳前感受着从心底涌出的喜悦;我向上伸出双臂为您祈祷,并将这本书恭敬地献给您。

目录

AMAZING LIFE

与不好的过去彻底诀别

003_平生第一次跑完马拉松全程

007_不堪回首的过去

010_在黑暗的时光里守住自尊

014_表达感情的方法也需要学习

017_心情越糟,生活越窘困

019_不想再窘困了

021_想摆脱抑郁

023_答案在我心里

025_你想什么,就成为什么

成功奇迹——赵城姬心理学校学员的真实故事

031_从平凡的保险设计师到年薪亿万的顾问

034_从债务的阴影走出,成为餐饮业的明星

AMAZING LIFE
我会改变的

041_命运在自己手中

044_受打击,让我奋不顾身

047_一旦下了决心,神也会帮助你

051_不狠毒毋宁死

055_当目标确定,我已判若两人

060_命运在自己手中

065_唯一的你

068_用7周时间健美

074_危机是神的礼物

077_成功的出发点,伴随着燃烧的渴望

成功奇迹——赵城姬心理学校学员的真实故事

080_学料理两个月,获得国际银奖

084_摔倒多少次也不怕

087_从消极到积极的变化

AMAZING LIFE
遇见凉爽的心灵绿洲

093_为什么总是往漏底的缸里倒水

100_发现内心的奇迹

103_如同想象里的图像,征服英语成功就业

107_克服舞台恐惧症

110_具体而生动地想象

114_实现愿望的魔法6条原则

120_运用魔法6条原则创造奇迹的人们

122_自我暗示隐藏着惊人的力量

成功奇迹——赵城姬心理学校学员的真实故事

127_仅用两周解决大学4年的学费

129_没想到能跟理想型男人结婚

131_通过反复暗示，日销售额达5000万韩元

135_心理教育6个月，说出流畅的英语

137_祝你尽早就业

成功奇迹——赵城姬心理学校学员的真实故事

141_重生为贸易女王

145_传播感动和爱心的乐透妖精

AMAZING LIFE
从野马一跃成为名马

153_先行动起来再说

157_尽管开始吧!

成功奇迹——赵城姬心理学校学员的真实故事

160_不做广告宣传的英语学校

AMAZING LIFE
畏惧是我的朋友!

167_畏惧是我的朋友!

170_为什么会有"选择综合征"

173_谁都会撞到恐惧之墙

176_心理安全地带VS新的目标

179_走向信念状态的3个阶段

182_疯狂地热恋过吗?

186_我们来到这块土地上有特别的理由

194_人生重要的不是速度,而是方向

成功奇迹——赵城姬心理学校学员的真实故事

198_体验信念和感恩的惊人力量

202_用心理威力冲破我的极限

AMAZING LIFE
走向我自己的精彩人生

207_对我来说,成功是什么?

215_树立明确而有价值的目标

219_活用无限的潜意识力量

222_高喊:"我很幸福!"

226_超越辩解!

229_放松是必需的

231_先倒空,才能填满

234_宽容别人是给自己的礼物

239_要跟积极上进的人在一起

242_神奇的感恩节目

245_为了我自己的精彩人生

249_原来我是太阳的女儿

252_尾声

AMAZING LIFE
与不好的过去彻底诀别

平生第一次跑完马拉松全程

2013年3月17日,这一天终于来到了。

早晨7点,光华门十字路口人山人海。气温2摄氏度,有点凉,身子微微发抖。凌晨1点半和3点醒过两次,但觉得身体还很轻松。哎呀,忘了带测量时速的马拉松表。这块表是10天前买的,已经设定好了4个半小时跑完全程的。

算了,别想了。一心想4个半小时跑完就行了。

马拉松俱乐部的高手们用担心的目光看着我,说:"打车吧,准备一万块韩元。"

他们的话,我听不进去。心想"我怎么会来跑马拉松了呢?"决心挑战马拉松仅仅是一个半月前的事情。听我心理课的一对夫妇参加马拉松运动后一直身体健康,精神矍铄。他们邀请我和他们一起参加马拉松运动。我相信他们,于是欣然答应了。心想,我是教"心理威力"的,当然可以跑马拉松了,有什么不能做的?

2月2日,我和马拉松俱乐部的会员一起在南山进行跑10公里训练。第一天训练比想象的艰苦多了,觉得10公里没有尽头,到了上坡跑不动了只能步行。最后,两腿都没有什么感觉了,心里不免有些后悔。

之后,每天在良才川独自训练一个小时。仅仅训练一个半月就参加马拉松,我是不是疯了?

"马拉松全程不是谁都可以跑的。一般训练一年以后才能挑战。"

"途中肯定不行。"

"练了一个月就挑战,这是很危险的。"

会员们好意劝我,但我毫不动摇。他们就说我单纯,无知,疯了。他们哪里知道我的"心理威力"。

枪声响了,我哆嗦了一下。2万名选手,1万多名观众,还有电视摄影队……在人山人海中我们出发了。

"嗨",我高喊一声,感觉从胸口涌上一股热能。不过,才跑到5公里处膝盖就针扎般疼起来。"这是怎么啦?"我十分害怕,想到老选手们说的话——"跑马拉松时,要是膝盖疼得厉害就要停下来,不然膝盖会受伤的。"

我立即掐断了这个想法,然后对膝盖说:"膝盖呀,对不起。过了35岁让你受了这个苦。求你帮帮我吧,今后我一定好好照顾你。"

我开始回忆一个多月来在良才川独自进行训练的情景。惊奇的是跑到12公里处膝盖居然不痛了。我感谢我的膝盖继续向前奔跑。

跑到16.7公里时，脑子里浮现出过去的我。喝酒后在钟路等出租车时，抱怨找不到出租车的我；肩膀下垂悲哀彷徨的父亲；父亲带给我的许多伤痛和愤怒；企图自杀的我；拼命挣扎的我；全身心投入爱情之后遭遇的背叛风暴……

一边回想暗淡的过去，一边奔跑，自己过去的颓废形象灰飞烟灭。

不再回想过去了。

不再悲哀地回首往事了。

再也不想在愤怒和后悔中悲哀了。

这次跑马拉松是与过去的彻底诀别，是一次转换，是一次革命。在奔跑的途中，我感到了自由。

跑过23公里处隧道时，选手们欢呼起来。我声嘶力竭地高喊一声"嗨！"

"悲哀而痛苦的时间啊，谢谢你，现在我获得了重生！"

身体仿佛被电击一般眼里涌出了热泪。感觉我的身心更轻松了。跑过30公里处时，两腿像硬邦邦的木头失去了知觉。蹦了几下，感觉膝盖有些疼，迈步更艰难了。

"还能往前跑12公里吗？"

产生了怀疑和畏惧心理。突然，想起上周有人跑完马拉松全程后第二天就死了。我立刻打消这种想法极力想象跑完全程的自己的形象。

35公里处,这是运动员们所说的魔鬼地点。蚕室大桥展现在眼前,凉风习习。很多男选手到此抱着抽筋的腿停下来,或者步行,或者倒下。我回想自己在良才川独自训练时轻松跑过35公里的情景。如同想象里的自己,我轻松跑过了蚕室大桥。不知道跑了多长时间,但我觉得自己能在4小时30分钟以内到达终点。

刚跑完37公里处,意识有些模糊起来。人们挥动着胳膊大声喊些什么,但我什么也听不见。

"我为什么在这里奔跑呢?"

不能思考,什么也听不见。只是两条腿机械地向前迈步而已。

我从没想过能跑马拉松全程42.195公里。平生跑过5公里吗?脑子里闪现一幕幕情景:起初,决定参加马拉松运动时犹豫不决的样子;2月2日,第一次在晨风中参加训练时草木的清香,泥土的芳香,天空,铁塔,街灯,有规律的脚步声……在沉默中感受到的自由,在大自然的怀抱里微笑的自己。

人们的欢呼声如同梦境朦朦胧胧听得见。

"太累了。再也跑不动了。停下来吧。"不知不觉中,我瘫坐在地上。

"这样,我会不会完蛋呢?"

不堪回首的过去

睁开眼睛,眼前浮现出小学 4 年级时在山上狂奔的自己。

"妈妈!妈妈!"

我一边喊,一边狂奔。爸爸在追赶妈妈,我要跑到爸爸前边才能保护妈妈。爸爸的腿被树枝和荆棘划破了,他不顾一切杀气腾腾地追赶妈妈。能保护妈妈的除了我没有别人。只有一个念头,必须先跑到妈妈跟前。

"我是妈妈的保护者。"

这是理所当然的想法。小时候,我总是在夜里奔跑。为了求救,跨两三个阶梯,躲藏或奔跑,怀着保护妈妈的责任我跑遍了全村。在深更半夜奔跑的孩子只有我一个。

死一般寂静的小路上回荡着我迅疾的脚步声。我的脑海里只有一个念头,快去保护妈妈。有一次,跑了 10 分钟去敲叔叔家的门,惊醒的叔叔吃惊地问道:"城姬呀,什么事?"

"叔叔,快点去我家。劝劝我爸。"我哭着哀求道。

无休止的深夜狂奔使我跑得更快了。只要这一夜妈妈安然无恙,我就可以豁出一切。对我来说,妈妈太重要了。我是个忧心忡忡的孩子,蜷缩在没有阳光的地下单间,一到漆黑的夜晚常常瑟瑟发抖。是的,我是个黑夜的孩子。

爸爸是这个贫困家庭的家长,他平时少言寡语,老实能干。但一旦喝酒,就变成另外一个人,目光杀气腾腾。他的目光一变,我的心就开始怦怦乱跳自然而然进入防御状态准备奔跑了。

"今晚能不能平安无事呢?"

这成了我的最大课题。

"今晚可别出什么事……"

这样的日子日复一日,年复一年。爸爸把儿时的冤屈和愤怒以及在外受到的刺激一股脑儿发泄在我和妈妈身上。他经常一边骂妈妈,一边摔东西,家里的东西几乎被他摔得所剩无几。每当这时,我的身体仿佛要冻僵了吓得叫不出声来。

最让我痛苦的是在紧锁的门外听到妈妈凄惨的悲鸣。

干脆打我好了。我不能听之任之,我来不及哭泣就跑出去向人求救。有时,也给警察报警。但是,警察走了后爸爸更是火冒三丈加倍报复妈妈。从此,我认识到警察也不能保护我们。现在回想起来,那时爸爸是酒精中毒,是需要精神抚慰的弱者,可惜那时没有谁告诉我们。

其实,爸爸是个心地善良、富有同情心的人。听奶奶说,爸爸小时候有一次把一个乞丐领到家里来给他食物帮他洗澡,临走时还给了他一些钱。后来,家境败落,为了供弟弟妹妹读书,爸爸放弃考大学担起了家长的重任。在那些艰难的日子里,他开始喝酒养成了耍酒疯的坏习惯。对儿时的我来说,爸爸是可怕的存在。每天我都在恐惧和愤怒中颤栗。爸爸一喝酒,就有使不完的力气,唠叨,骂人,一直到凌晨三四点才入睡。因此,爸爸的朋友一来我家,我就把他们的鞋藏起来想尽办法不让他们走。结果爸爸的朋友们也开始提防我了。

充斥着霉味的地下室,酒味熏天的每一个夜晚。我诅咒酿酒的人。酒这个东西能使一个好端端的人发生180度的大转弯,掀起一夜的狂风巨浪后早晨起来竟然一概不记得。我目睹爸爸酒后尤德的样子,心想酒是透明的毒液。我讨厌酿酒的人,讨厌喝酒的爸爸,而且讨厌这个世界。我的心里填满了愤怒、恐惧、不安等消极感情。

教堂是我唯一能得到安慰的地方。盖教堂前,空地上有一座慈祥的圣母玛利亚雕像,她怀里抱着小耶稣。每当仰望这座雕像时,我的心就能暂时安静下来。有一天,我在梦里见到圣母玛利亚,她温柔地拥抱我,醒来后我一时分不清是真是假。从我家走3分钟的距离,就有好几座教堂,那里还分发巧克力。可我坚持步行30分钟去正在建设的临时教堂。

11岁那年,我独自去教堂接受了洗礼,没有家人陪同。也许可怜我一个孩子独来独往,教堂给我安排了一位代理妈妈。

教堂是我唯一能寄托感情的避难处。在那里我第一次恢复童心,提出要求,甚至撒娇,那个救星就是耶稣。

AMAZING LIFE

在黑暗的时光里守住自尊

我总是很疲倦。直到半夜12点爸爸还没回家时,我虽然很困,但辗转反侧,难以入眠。我能分辨爸爸喝醉后摇摇晃晃的脚步声。从远处传来爸爸的脚步声,越来越近,我的心也跳得越来越厉害。平时不吱声的爸爸,一喝酒就要和我们进行交流。虽然是没有沟通的一言堂,但他说话期间我们答应也好,不答应也罢,他都很生气,横竖都是我们不对。我跪着直到凌晨三四点都在恐惧中颤栗。下班回来的妈妈也一样,等到爸爸睡着了我们才能睡觉。

长夜过去,天亮了,爸爸又回到原来的好人。他若无其事地起来吃早餐,去上班。这让我非常愤怒。怎么能如此坦然,连一句对不起的话也不说呢?对这样的爸爸,妈妈怎么一句话也不说呢,我难以理解妈妈。

没有人关心我们家的问题，也没有人跟满心创伤的我进行交流，他们只在背后说些闲话。我在学校装出若无其事的样子，不苟言笑，安分守己。我不能向任何人说我心里的苦楚。要是有个哥哥姐姐该多好，可以跟他们诉说夜里发生的事件，那么也许能让我这几乎要疯狂的心暂时平静下来。对父母、奶奶、叔叔、最要好的朋友，我都不能把心里话说出来。

妈妈是泥菩萨过河——自身难保，所以我不能跟妈妈说。也许我们已经在无言中商定互相什么也不说。因为只要说出来，我们就会痛得支撑不住。

我明白，心太痛就会什么也不说。满心的悲痛，我跟谁也不说。没有人跟我说话，我整天在负面情绪和想象中虚度时光。我觉得周围的人都很幸福。我在朋友家里见到父亲搂着女儿说些亲切的话，这一幕给了我很大的冲击。

原来可以这样表达感情呀！

原来世上的人都这么幸福啊！

人们都很幸福，可我为什么如此憔悴自卑，为什么只有我一个人蹲在黑洞里，世上没有一个人爱我？一想到这些，我的心冰凉冰凉的，感到十分孤独。

也许是这个原因，每天都发生胃痉挛，针扎似的疼痛，浑身直冒冷汗，汗水常常把衣服都湿透了。每当这时，我就得躺下来待30来分钟后才能起来。

上中学时，我第一次做了胃镜。医生说，我的胃肿了，还流着血，这样下去会得胃溃疡的，需要长期吃药治疗。

我每天都不想起床。早晨的到来，夜幕的降临，我都讨厌。我想死，就这样死掉算了。心想，我写下遗书，爸爸就会知道自己对妈妈犯下了怎样的罪过。

怎样才能死得不痛苦呢？

听说，关上所有的门窗打开引风机睡觉就会死……我开始研究最不痛苦的自杀方法。

有一天，我下决心后给爸爸写了长长的一封信。我流着泪写下了我的痛苦，并恳求爸爸不要再折磨妈妈了。写完，我关紧门窗把引风机调到最强，心想不要再睁开眼睛了，然后躺下来闭上了眼睛。

"城姬呀！"

有人摇醒了我。睁眼一看，是奶奶。

"我有没有死？这是梦，还是真的？"

"快起来吃饭吧。"

我睡得很死。我的第一次自杀就这样失败了。心想，下次得想别的办法了。在充满忧虑、不安、恐惧的童年，贫困是可以忍受的，但极度的恐惧、不安和孤独是难以忍受的。后来听姨妈说，亲戚们一致认为我在这样的家庭环境中长大，将来必然会走邪路。

是的，据统计在恶劣的家庭环境里长大的孩子大多成为问题儿童。因此，即使我走上了邪路，也没有人会指责我，因为我有充分的理由变坏。

然而，我不想如同他们预测的那样生活。我的自尊心越来越强，发现守护我自尊的唯一方法就是学习。我没有条件像别的孩子一样参加课外辅导,只能熬夜自学,第二天在学校强睁睡意蒙眬的眼睛听老师讲课。连这一点都放弃了,我就失去了存在的价值。这是我最后的唯一的自尊心。

也许是因为欲望太强烈了吧,初中一年级我的学习成绩第一次名列全班第一。从此,学习成绩一直排在前三名,初中三年每个学期都被评为优秀学生。就这样,在忧郁、凄惨、黑暗的时光里我守住了自尊心。

也许儿时常常夜间奔跑的原因,我擅长跑步。平时不爱说话的女孩儿,在运动场上一反常态总是获得第一名。愁眉苦脸的我成了擅长学习和跑步的特殊孩子。同学们送给我的欢呼和鼓励也多了起来。小学6年级时,我跑600米获得了第一名,于是被选入学校田径队。那天,我朝着天空伸直双臂,仿佛温暖的阳光也在祝贺我。

"哇塞!"

同学们欢呼着向我跑来。蓝蓝的天空和灿烂的阳光向我投来了微笑。好像上帝夸奖我"城姬呀,你做得很好"。我平生第一次感到心情豁然开朗。那是我第一次开怀大笑的日子,那一天,我终生难忘。

AMAZING LIFE

表达感情的方法也需要学习

传来了爸爸踉踉跄跄的脚步声。咣当一声,门被打开了。我惊恐万分立即进入了防御状态。心跳加剧,妈妈还没有下班回来。喝得烂醉的爸爸,让我把妈妈的衣服全部找出来。

我浑身瑟瑟发抖顺从地把妈妈的衣服一件一件找出来。爸爸嫌我行动迟缓,就一把推开我,一下子把妈妈的衣服全部拿出来胡乱包上后拎着包出去了。

翌日,妈妈失踪了。妈妈下班后没有回家。第二天、第三天妈妈也没有回来。我四处打电话找妈妈。那个悲惨的夏日,26年后的今天依然历历在目。

每天一放学回家,我就先把草莓洗净装在小篮子里,然后端着小篮子走到电话机前开始给熟人打电话。

"喂,姨妈,我是城姬。"

"嗯，城姬吗！又打电话了？"

"我妈没信儿吗？"

"还没有呢，再等几天吧，妈妈肯定在哪儿歇着呢。"

"要是有信儿，一定告诉妈妈我在等她呢。别忘了。"

说完挂上电话泪水夺眶而出。我越来越不安了，仿佛胸口被凿了个窟窿，那种痛真是难以言表。打电话时，一有什么动静，我就低下头假装吃篮子里的草莓，泪水像断了线的珠子接连落在草莓上。

一个月，两个月，三个月过去了，妈妈仍然没有消息，我也越来越抑郁了。每天早晨，我都希望不再睁开眼睛。妈妈不在，生活在继续，日子过得太艰辛，太可怕了。妈妈太可怜了，所以我跟妈妈没有过一次亲切的交流，也没有撒过一次娇。妈妈虽没有搂着我说过一句爱我，但我感受着没有表现出来的母爱。可怜的我孤独极了，没有妈妈的日子真是苦不堪言。

妈妈有饭吃吗，有地方睡觉吗，是否在伤心流泪……我太担心妈妈了。据说，有多少痛，就能成熟多少。看来我越来越成熟了。从小听人们说我"不像孩子，怎么像个老太太呀"。我愿意做一个平凡的孩子，不想成为别人眼里的小老太太。

4个月过去了，仿佛过去了几年时光。有一天，妈妈突然回来了。

"这是做梦，还是真的，妈妈回来了？"

高兴得我不敢相信这是真的。妈妈没有多说什么，只说不忍心丢下我走，所以回来了。我担心要是诉说我的痛苦，妈妈就会伤心，所以我没有流一滴眼泪，也没有质问妈妈。我们之间既没有喜悦的表现，也没有悲哀的表现。就这样互相把感情深埋在内心深处，没有进行任何交流。想念妈妈心都碎了，可在妈妈面前却不动声色。表达感情的方法也需要学习，应该说"不知道如何表达"才更准确。

18年后的某一天，我头一次提到那天的事情。

"妈，那天您回来了，我真的感谢您。那天要是您不回来，就不会有今天的我。"妈妈听了后流泪不止。

"城姬呀，你这样说，我就谢谢你了。那天晚上看见爸爸把我的衣服烧光了，心想怎么能把活人的衣服烧光呢，我实在忍不下去了。撇下你走，我心里很难过，但我不能再忍下去了。不过，还是因为心疼你回来了。城姬呀，你的一句话，把那天的伤痛治好了，这就行了。"那天我感受到妈妈没有表现出来的爱心。为什么我没跟妈妈说想念她，感谢她的话呢？妈妈当时需要的是温暖的一句话，爱的表达，是不是？

那天，我感受到了妈妈隐藏心底的爱，心里涌出对妈妈的感恩之情。我们为什么没有表达互爱对方的感情呢？为什么我连一句想念妈妈，感谢妈妈的话都没有说呢？妈妈需要一句温情的话，爱的表白。

4月的那个夜晚，窗外淅淅沥沥下着雨，我和妈妈相拥而泣，长时间遮掩的伤痛开始渐渐愈合了。

心情越糟,生活越窘困

这是我22岁时的自画像,披头散发带着不满的表情歇斯底里喊叫。我不喜欢自己,不喜欢我的生活现状,不喜欢浑浑噩噩的每一天。我的心情越来越糟,我的生活也越来越窘困。我几乎天天喝被我称作毒液的酒。我没有能干的事情,也没有可依靠的人。为了回避现实而喝酒,因为抑郁而喝酒,讨厌镜子里丑陋的自己而喝酒……我的眼里满是喝酒的理由。

不想上学,也不想回家,没有钱,一无所有。心里的自卑感太严重了,不想做什么,一步也迈不出去。我常常和别人进行比较，为自己的不足而感到自惭形秽。

> 为什么，我一件事也做不好？
> 为什么，我长得这么丑？
> 为什么，我如此贫穷？
> 为什么，我如此孤独？
> 为什么，我如此艰难？

每当照镜子看到自己的穷酸相，我就气不打一处来。我为爱而饥渴，其实是为得不到爱而恐惧。我总想从他人或借酒来填补内心里说不清的空虚感。越是这样越感到孤独。忧郁成了理所当然的习惯。一天不忧郁，就觉得奇怪，于是听忧郁的音乐哭泣，看忧郁的电影流泪，或者找忧郁的事情使自己持续处在忧郁的状态之中。

我的想法越来越糟糕，我的处境越来越难，神经越来越脆弱，胃痛也更加厉害了。"我为什么活着？我为什么出生？"我找不到生活的意义。觉得没有能力、没有自信的自己太凄惨了。我逃避现实把自己囚禁在自愧感中一点一点垮下去。

因为不想面对像儿时一样蹲在黑洞里垂头丧气的自己，我每天借酒浇愁。

"愿意咋的，就咋的吧。"

我的内心一片黑暗，看不到一丝希望，渴望有人能指给我方向。

AMAZING LIFE

不想再窘困了

我讨厌租住的地下室,满脑子想什么时候能离开地下室到阳光灿烂的楼上呢?住在好一点的房子该多好……

大学是考上了,学服装专业,但天天出去打工,一天也不能休息。我在加油站干了3个月,这是我的第一份工作。冬天手脚冻得难以动弹,第一次体会到挣钱的确不容易。我一边当家教,一边在外打工。服装专业的学费比其他专业贵,需要购置布料、材料、绘图工具、杂志、书籍等等。我总是没有钱,非常羡慕那些花家里的钱舒舒服服学习的同学。

我们做一次作业就要到东大门市场买布料、饰品,还要用缝纫机。我买不起缝纫机,就得晚上用学校的缝纫机。我们的教学楼到了晚上11点就关门,为了完成作业我常常被关在楼里过夜。

我干过各种各样的工作。到百货商店打工,手工制作高级相册，到餐厅端盘子等等。其中印象最深的是到陆军军官学校当导游。做导游要熟悉陆军军官学校的内部设施和博物馆里陈列的一切物品，还要通过考试。我手里拿着喇叭给四五十名游客进行解说，而且不能让一个人掉队。尤其是给爷爷奶奶们讲解的时候，有的人中途坐下来吃东西，有的人不知去了哪里，需要格外费心才行。讲解两个多小时参观结束时，他们都夸我像自己的亲孙女，并奖给我一些小费。这个收入往往超过一天的工资。通过这个差事我的情绪好转多了。

我勤奋打工，爸妈也天天上班。但是我们家还是不能离开地下室，家庭氛围依旧阴郁。我虽然很忙但几乎天天喝酒，厌恶现实，脑子里什么也不想。

为什么我家情况不见好转呢？为什么总是贫困？不能摆脱恶循环的现实使我抑郁难耐。虽然渴望摆脱贫困，但现实仿佛跟我说不要抱有任何期待。

想摆脱抑郁

我每天都想从无端的不安和忧郁中解脱出来。有一天到教堂参加弥撒,偶然遇见青年部的人。他们表情平和,面带微笑,显得很幸福。青年部会长邀请我参加他们的活动,我便欣然答应了。

那年我20岁。我们每个周日早晨都访问"走梦复活院"领着那里的残疾儿童到教堂一起吃饭,一起玩,下午再把他们送回去。我参加这个活动大约有4年。这些连手指和嘴都不能活动自如的孩子,他们没有别人的帮助不能吃饭,不能行动。看着这些被父母抛弃的孩子,我感到仅凭有父母这一点就应该知足。

那些孩子,一看见我们就咧嘴笑。其中有个叫红珠的孩子叫我妈妈。她20岁,我俩同岁,可她的精神年龄只有七八岁。她的嘴歪向一边整天流着口水,胳膊、腿和手指都扭曲了。她一看见我就张嘴乐,还常给我打电话说些什么,可我听不懂,每次都有复活院的人给我做翻译。

每个周日红珠都在门口等我。一见到我,她就咧嘴笑着抓住我的手不放高兴得几乎要从轮椅上掉下来。起初,推轮椅觉得很笨重,跟孩子们说话也很不自然,但他们的笑容使我渐渐改变了自己,我也面带笑容给他们喂饭,推轮椅到公园玩,在照顾他们的过程中,我感受到了快乐和幸福。

我非常爱复活院的孩子们,想给他们以精神上的关爱。通过这一活动,我认识到在献爱心活动中收获最大的是奉献者自己,爱是不要任何回报的无私奉献。

从此,只要有献爱心活动,我就积极参加。我曾给月亮村的孩子们做过衣服,这件事还上了电视。后来,我去柬埔寨孤儿院教孩子们英语时,看见一个7岁孩子下课后去刷盘子,我觉得恶劣环境下生活的这些孩子太可怜了。

马丁·路德·金(Martin Luther King)说过"所有的人都很伟大,因为所有的人都能奉献爱心"。通过奉献爱心活动,我看到受助者的幸福表情感到自己很幸福,我的内心渐渐被爱填满了。我决心今后无论在哪儿,都要竭尽自己所能去帮助他人。

答案在我心里

从美国回来刚开始进行成功学教育的时候,很多人用邮件向我讲述自己的生活故事,并希望我能给他们答案。有的人还直接到办公室找我诉说自己的不幸遭遇。

记得有一个初中3年级的女孩儿来找我说自己活得太累了不知道怎么办好。一周前在医院企图自杀的一位40多岁女人哭着说不知道自己该如何做。他们听说我是世界畅销书《秘密》中的成功学的巨匠鲍勃·普朗克特的学生,是韩国唯一获得成功学教育资格证的人,于是就希望我能给他们答案。听课的人也都抱着这样的幻想。我理解他们的心情。

通过学习鲍勃·普朗克特的成功学,我认识到答案不在外部,而在我们的内心。随着你的想法,你的外部表现在发生变化。因此,有必要仔细审视自己的想法,改变想法,才能改变自己的人生。

据专家们说，人类的潜力是无穷无尽的，然而我们直到死才仅仅使用潜力的极少部分。人们不知道自己有无限的潜力，也不知道如何运用潜力，盲目生活，虚度时光。在这期间你内心的无限潜力得不到开发，渐渐生锈，昏睡不醒。你知道这个事实吗？我们都有相同的无限潜力，有的人利用得好，有的人却认识不到，这不是很不公平的吗？

我们并不是为了不幸来到这个世界的，也不是为了受苦来到这块土地上。我们有充分的权力享受幸福而尊贵的生活。

读这本书的您，无论是否受到良好的教育，是否有父母资助，是否有财产，不管长得漂亮不漂亮，我们都可以创造精彩的人生。当你选择的那一瞬间开始，你就会不一样，你的行动，你的状况都会发生变化。

你怎么想，就能怎么做。我的经历有力地证明了这一点。通过我的心理学教育，许多人改变了自己。他们的经验证明自己的想法决定自己的人生。看着许多人的变化，我再一次决心要帮助人们认识和运用自己的潜力。这本书，就是这个决心的一个结果。

你想什么,就成为什么

20岁出头时,每当别人提起"你想什么,就成为什么"时,我总是不屑一顾地嘲笑他们说:"你们怎么会认为一定按照自己的想法发展呢?我没一件事是顺心的,不要自欺欺人了!"在我消极与冷漠的眼里,世界总是不公平的。我十分羡慕在成功家庭含着金汤勺出生的人,认为像我这样的人努力一百倍,也赶不上她们。

她们说:"妈,我想去留学。"妈妈就会回答:"好啊,女儿,你想去哪个国家留学?只管说,妈一定支持你。"不知不觉中,我在妒忌那些家庭背景好的人。首尔女大服装专业有很多自命不凡的"公主"。没有任何背景的我,每当和她们在一起时就会感到气馁,不自在,难以和她们亲近。

我无法理解,为什么有的人像天使一样心地善良,整日辛勤工作，却穷困潦倒，生活不幸。反过来，有的人看起来很轻松，但事事成功，生活富足，充满自信，仿佛老天爷在眷顾他们。在我眼里世界实在是太不公平了。

在美国学习时，鲍勃·普朗克特说的一个统计数字让我十分震惊。那就是世上1%的人拥有世界96%的财富。如果这个数据是真实的话，就意味着剩下的99%的人在分享剩余的4%的钱来维持生计。

被老天爷眷顾的1%的人与其他99%的人的差异到底是什么呢？难道1%的人天生具有特别的能力占据世界96%的钱财吗？不是的。包括正在读这本书的你在内，所有的人都受到上帝的眷顾和祝福，都有无限的潜能，只是内心涌动的无限潜能在等待中沉睡而已。

见过暴发户突然间破产的事吗？很多人都埋怨经济不景气或者以运气不佳为理由，其实那只是表面现象。内心没有准备好的情况下突然赚了大钱，那么这些钱失去得也快。很多彩票中奖者的事例说明了这一点。一夜暴富，而你的内心却没有承受这笔巨款的准备，缺乏维持财富的内功。

相反，白手起家的富人即使失去了财富也能在最短的时间内找回财富。这是因为他们具有这方面的心理准备。1%的人与普通人的不同之处仅在于内因，也就是说1%的人善于动脑思考。

有一个有趣的统计："世上只有1%的人在思考，3%的人认为自己在思考着，剩下的96%的人认为成天动脑思考还不如一死百了。"

各位读者也许在想"我也在思考呀……"但是请你们仔细想想,你们所思考的是以自己的人生目标为中心的创造性想法,还是依据自己的经验和参考周围的人而形成的千篇一律的想法。

大多数人沉浸在过去的观念之中,或者在自己多年经验所形成的条条框框里思考和生活。我们是不是已经习惯了把自己束缚在文化模式与社会模式里和别人一样思考和生活着呢?

我从美国回来在新寺洞开设了小型心理咨询中心。当时参加学习的一位女士跟我说:"我再努力赚钱也不能超过一亿韩元的。所以,工作高兴不起来。现在一亿韩元在首尔买不了房子啊。"

"你为什么认为怎么努力也赚不了一亿韩元呢?"

她是这样回答我的:"我妈妈曾经找人给我算了一卦,那位算卦的说这个孩子最多只能赚一亿韩元。从小妈妈就把这话挂在嘴边,我铭刻在心里了。"

这是多么荒唐离谱的话啊!但是我们的大脑构造只能接受这个观点。小时候从妈妈嘴里反复听到的话留在潜意识深处,即使出现一亿元以上的信息和情况也被自动屏蔽掉。儿时他人反复强调的话进入潜意识不断地制约着她的想法。所以这位女士从来不期待自己能赚一亿元以上,即使有可以赚十亿元以上的机会,她也认识不到。

这不能说是她的真实想法。是算卦人的想法通过她的母亲传达给了她,其实是算卦者的想法而已。算卦者的思维在支配着我们的人生,这多么荒唐啊!

我一定要成为富翁,我一定要升职,我一定要扩大我的事业,我一定要提高我的销售业绩，我一定要成为有魅力的人等等，所有的人都希望自己的人生比现在有更好的结果，生活比现在更加美好，更加幸福，更加健康，更有财富。为此，他们不断努力，但事倍功半，不见成效。

想要改变可视的人生结果，就要改变原因，随之才能改变结果。换句话说，想改变果实，就要先改变果树的根。种瓜得瓜，种豆得豆，种下苹果的种子，自然会收获苹果，这是永远不变的自然法则。但是大多数人对肉眼看到的苹果不满意，就想把苹果树与葡萄嫁接起来换成葡萄。这怎么可能呢？换掉地里的种子才是解决问题的根本方法。所以再怎么努力也无法得到他们想要的结果。没找对原因，当然找不到正确答案。

往往看不见的东西比肉眼看到的更有力量。埋在土里看不见的苹果种子创造了地面的苹果。现在我没有钱，这是看到的结果，这个结果的根源在哪里呢？改变外因的方法只有一个，那就是改变内心世界。

你的人生从外表看来很不顺，其原因在于内因。它的根源就是思维，想法产生感情，感情生成行动，行动造就结果。

你想创业，还是已有事业；你是公司职员，还是学生；你是个穷光蛋，还是无家可归的乞丐……无论谁，都无所谓，因为这只是现在看到的结果。如果从现在开始你真的想要改变人生现状，那么就请你从现在开始改变你的"思想"。这是6000年来所有著名的思想家、哲学家和贤者一致的观点。

"你想什么，就成为什么。"

说起来简单,做起来难。为什么呢?因为从来没有一个学校或教育机构教我们该怎么思考。我们接受的是以背诵为主的注入式教育,没有学到思考方法。因此有必要学习训练思维的方法。

长期研究成功人士案例的人都得出一致的结论:不论是赚10亿韩币的餐厅老板,还是赚1000亿韩币的富翁,他们都是具有积极思维模式的人。成功人士关注的不是人生的阴暗面,而是明朗丰饶的正面。他们具有积极的内心世界,而且善于运用心理法则与心理能量。

如果你渴望成功,渴望幸福,就要懂得在内心具体描绘明朗的图像,常常想象你所追求的幸福情景。"积极思维会引来好事,担忧、疑虑、害怕、妒忌等消极思维会招来坏事。"这是简单的真理。

If you born poor, it's not your mistake.

But if you die poor, it's your mistake.

生来贫寒不是你的错,

但到死仍旧贫寒就是你的错。

——比尔·盖茨(Bill Gates)

我们出生时对父母、家境与天生拥有的东西是无法选择的。然而,大多数人捶胸顿足地感叹这无法改变的现实,在妒忌别人、编造诸多理由为自己辩解中虚度时光。

我们不能改变所处的现实,但可以改变自己的观念。虽然现在你很穷,但心里说"我要成为幸福的富翁!"那么总有一天你会成为富翁。如果成天羡慕有背景的人找借口感叹自己命运不好,那么你注定和以前一样穷困潦倒。选择什么样的想法,就会有什么样的人生。

就像比尔·盖茨所说的到死仍旧贫穷100%是你的错。明白这个道理并且接受它时,你的人生就会发生变化了。

保罗·瓦莱里(Paul Valery)曾经说:"如果你没有勇气去思考想要的生活,那么不久的将来你就会随着生活状态去思考。"这里有两种人生,一个是随着生活状态思考的配角人生,另一个是以自己的思维为主导的主人公人生。随着自己的选择方向,人生的走向也不同。我们的人生只有一次!想安于现状吗?发自内心地想改变自己吗?想在你的人生这部电影中扮演主人公吧?你是具有无限能力能够改变现状的人。如果自己不肯定自己,那么有谁能肯定你呢。

精彩的人生全靠自己去创造。如果至今的人生不是你所盼望的,那么就从现在开始改变自己吧。从现在开始思考和选择你真正希望的人生。你的父母、兄弟姐妹、丈夫、夫人、儿女都不能替代你的人生。一定要牢记"我"才是我命运之船的船长。

好吧,现在准备好大胆地划桨出发了吗?

> 成功奇迹——赵城姬心理学校学员的真实故事

从平凡的保险设计师到年薪亿万的顾问

| 40 多岁男子,ING 副店长 |

现在,我是ING的副店长。通过Master Mind 和Mission in Commission课程学习和实际运用,我的生活发生了很大的变化。下面分三个方面与大家分享。

第一,我得到了经济上的自由。

1)从ING保险设计师(FC)成为MDRT(年薪1亿韩币以上)。在听课的过程中,我认识到过去我的目标是模糊不清的。通过学习懂得了"为什么?怎样?"之后,积极行动起来就取得了成果。这说明只有改变自己的内心,才能改变外部。

2)有了自己喜欢的职业,取得了ING保险业的LION[①]称号。LION是许多FC所向往的目标,只有不到5%的人能获得此称号。可以说,这是既不好取得,也难以维持下去的一种荣誉。

3)从FC晋升为副店长,有了稳定的收入,为晋升店长打下了

---

① LION:需工作两年以上,两年以上的保险合同维持率达到85%以上,合同件数和新合同保险费达到一定基准,方可获此称号。目前ING只有3.7%的设计师获得LION称号。

基础。我刚入保险业时就把目标定在当管理者。做好FC，才能做好管理者，店长就是这个愿望的一次飞跃。我正在全力以赴做好自己的本职工作。

第二，确定人生目标，掌控速度。

1）原来以为只要自己老老实实努力工作就能成功。我作为农民的儿子，从小听着"不要贪心""要正直""不要伤害他人"等教育长大。因此，我习惯了独处，甚至认为走在别人前面都会让人不舒服。现在我认识到持这种观念是不能成功的，人不能单枪匹马活在世上，要与他人搞好关系。

2）我在脑子里想象自己所盼望的图像，并努力去实现它。我原来爱睡懒觉，现在觉得早起很幸福，到了周末就和家人一起享受幸福时光，还懂得了方向比速度重要。

3）明确目标，订好战略，每天感受幸福。"什么，你真的变了吗？"对此，我的回答是"是的"。我相信有什么想法，就有什么样的人生。只要有强烈的欲望，就能如愿以偿。

第三，拥有积极的视角。

1）我的工作性质需要多接触人，因此心理负担较重。但现在我能很好地调节心理压力，并认识到一切都源于我的内心，我的想法。

2）一想到目标，就让人兴奋。很多成功人士一直盯着目标，一刻也不放松。我效仿他们，每天晚上入睡前都想象下一步自己的形象，这个方法收到了良好的效果。

> **我的暗示语**
>
> 我爱我自己！我爱我自己！我爱我自己！
>
> 做得好。做得真好。做得太好了。
>
> 与我相识的人都认为认识我是幸运的。
>
> 今天比昨天幸福多了。

3）过去的我有厌世、虚无主义的情绪。现在的我态度明朗，乐观，感到很幸福。

以上，谈了我的几点学习心得，至于细节，就太多了，难以一一叙述。

从债务的阴影走出,成为餐饮业的明星

| 申善姬,望远洞"棒槌"代表 |

2013年,我的人生有了完全的转折。首先,我要感谢赵城姬老师给了我能写我自己故事的机会,也希望我的故事能给大家一点启发。

我今年43岁,有个18岁上高中的儿子。2002年4月,儿子7岁时丈夫因故突然去世。在突如其来的横祸面前,我不知所措,在埋怨和恐惧中彷徨。7年后的一天,我感到自己对不起儿子,心想"重新开始吧"。

决心是下了,但不知道该怎么做。有一天,我和儿子一起去图书馆看见有一本书叫《墨菲定律》(Murphy's Law)。读了这本书后,我的生活开始变化了。我认识到自己生活窘困的原由,这本书我读了又读,在本子上做了笔记,还在网上搜寻有关知识。通过上网我发现了赵城姬老师建立的网上咖啡屋。

我毫不犹豫地加入进来。从此,我的思维变了,从"没有希望"开始"描绘希望",从"我不能做"到"我能做",从"我长得难看"到"我有魅力"。

2009年12月,我毅然辞职,每周一次乘车从忠南西山去首尔听课。后来经历了很多变故,被突然降临的债务压得喘不过气来,仿佛走在看不见出口的漆黑隧道里。不仅债务折磨我,而且有人还说我疯了,周围的人开始远离我,我的脑子里产生了很多问号……

有一天,我在江南高速汽车站与赵城姬老师相见,谈了一个多小时。她问我:"你希望明年这时候该是什么样子?"我答不出来。与赵老师分手回家的路上,答案开始渐渐出现了。我阅读有关的书,参加赵城姬老师的网上咖啡屋活动。有一天,仿佛有人跟我说"该离开这个地方了"。

"行吗?公司不错,为什么要离开呢?我都多大年纪了?儿子呢?妈妈呢?才有多少储蓄?"提交辞呈的那天,所长说:"或许中彩票了吧?看你的样子太幸福了。以后干大事需要人手的时候,别忘了我哟。我会召之即去的。"虽然前途未卜,但我百分之百相信自己。从2013年3月开始我听赵老师的系列课程。

"我做什么事的时候最幸福呢?"

一想到餐饮业,就觉得很开心,于是不断地进行想象,终于决心9月1日开业了。碰巧有个前辈开了刀切面餐馆,她邀请我到她那儿学一学。于是我立刻去了首尔。第一天学和面,第二天手指头肿得打不了弯,脚脖子也疼。熟悉了一段时间后,我就进厨房打杂。炎热的夏天,厨房里不仅没有空调,而且比我还高的铁桶里整日烧着热汤,汗哗哗淌下来如淋浴器喷出来的水。我想,只要在这里坚持下来,无论到哪儿,我都能成功。听到别人夸奖,我就更来劲了,一天能做90到100人吃的面片汤。

准备创业,但资金还没凑齐的时候,那位前辈提出想跟我共同经营餐馆。我常说儿子高中毕业了,我就去首尔。我高兴地跟儿子说了情况,儿子就说:"妈,这是好机会。我希望您幸福。我虽然不能跟您一起去,但周末我可以去帮您,妈,加油啊!"在儿子的支持下,我来到首尔。9月1日终于开业了。平常接待700到800名顾客,周末就达到1000名左右。在快乐的忙碌中,我又产生了新的想法。

"很久前爸爸在世时,我参加初中毕业典礼那天,我跟爸爸第一次下馆子吃了炸酱面。那碗炸酱面给我的记忆太美好了,我想制作那样的炸酱面。"我跟经理说了自己的想法,经理说:"我也常常想怎样才能让顾客满意。和面时虽然很累,但一想到顾客吃得满意高兴时就觉得很幸福。"刀切面一碗才2500韩元,但里面包含了诚意、感恩和爱心。同样的做法,但味道不一样的原因可能就在这里。

从9月末开始着手做记忆中的炸酱面了。第二周,广播电台打来了电话,说KBSTV的"VJ特工队"节目想来拍摄我们的餐馆。后来发生的事情与心理导师俱乐部会员们所祝福的相吻合。10月18日,节目播出去后,我给餐馆经理打电话说:"这是刚刚开始。今后会有更多的好事。我们都要怀着感恩之心干活。"

几天后,KBSTV来拍摄时,我们的炸酱面也被间接宣传了出去。接着12月6日,MBCTV也来我们餐馆进行了拍摄。之后制作节目的人都成了我们餐馆的常客。

这一切都是在4个月时间里发生的。时间也好，年龄也好，金钱也罢，什么也不能成为不干的理由。"行吗？""干不干呢？"这些想法应该丢进垃圾桶里。

听课的时候，密密麻麻记下来的内容变成了现实，现在我的梦更大了。打算2014年争取销售额达到30亿韩元。5年后的2018年12月，我的梦想将连接起来成为一幅画，纯利润达到3300亿韩元，组织5个非盈利团体，我的目标一定顺利实现。这将是我曾经的艰辛生活奖给我的礼物。

我是40多岁的矮小妇女。但我的心里不仅有韩国，更想走向世界。我不是单纯为了财富而工作，我希望快乐地工作，想和需要帮助的人一起分享财富，使这个世界多一份温暖。

AMAZING LIFE
我会改变的

命运在自己手中

被丢弃在奇怪国家的爱丽丝问小猫:"该走哪条路呢?"

小猫回答:"你想去哪儿?"

爱丽丝露出困惑的表情说:"不知道。"

我如同爱丽丝不知道去哪儿,也不知道应该去哪儿。我不喜欢贫穷、消极、病快快、寒酸的自己。我不想继续在黑暗的隧道里彷徨。只要有人指给我一个方向,不管是哪里,我都想迈出脚步。

有一天,听说往十里有位占星师算卦特灵,连政界的人也去那儿占卜。我的人生答案是否也在他手里呢?想到这里顿时心跳得很厉害。当时我22岁,没有钱,连1千韩元都不敢随便花。我借了7万韩元装在白色信封里和一位姐姐一起奔向往十里,感觉仿佛在山洞里看见了一缕光线。

心突突突乱跳,我说出了自己的生日和出生时间。感觉从他薄薄的嘴唇将滔滔不绝地说出有关我命运的答案。我跪着静静地等待他的答案,期待他的一句话就能把我的人生连根换掉。至今已经过去了15年,但当时的紧张心情依然记忆犹新。

他看着我的生日在纸上写着奇怪的密码嘴里小声嘀嘀咕咕的。写一会儿,他抬头看我一眼,然后继续写,最后歪着头舒了一口长气。我对他的每一个举动和表情都极度敏感,心里乱糟糟的。心想"我受了那么多苦,难道今后还会有更多的坏事吗?要是这样,神是不存在的。占星师肯定说我今后会好起来的"。

我在心里反复默念。过了一会儿,先生开口说:"你活得很累,眼前一片黑暗啊。周围没有人帮助你,也不能依靠父母,看不见一个帮助你的人,一切靠自己。你很累,很孤独。"

有人同情我,顿时眼圈红了。

"可是,你好好听着。今后也没有人帮你,你是家里的顶梁柱,一切都靠你了。今后一段时间道路都被堵了。走这儿也不行,走那儿也不行,现在什么都不行。年少和中年的运气都不好,就把心放空吧。即使走在沙漠上也认命吧。到了47岁时开始会有好转的。"

简直是当头一棒。等到47岁,还要过25年后才行!走沙漠的感觉也忍着?我在想象中堵住他的嘴大声喊:"不对!重新说!你怎么能信口开河呢!你承认说错了!"旁边的姐姐勃然大怒道:"对一个前途无量的孩子,你怎么能这么说呢?你太过分了。"

我沮丧地走了出来,长吁短叹,真的迷路了。审判的日子,审判长说:"你去地狱吧!今后干什么都是地狱!"这还有什么希望吗?我的心情已经像是在地狱了。真是晴天霹雳,我的心坍塌了。我直奔简易餐车像平常一样喝酒。"对20出头的年轻人,怎么能说出这种绝望的话呢?"我越想越生气。

"那家伙是C级水平,怎么能说出这样的话呢?白花钱了。"

"是啊,城姬呀,别信他的话。"

姐姐安慰我,但我更抑郁了。我什么也不是,一件事也做不好,无依无靠,借酒浇愁,在毫无希望的黑洞里孤独地徘徊。我对自己讨厌极了。

不知喝了几瓶烧酒,全身的细胞都浸透了酒精。坐地铁回家时透过玻璃窗看到自己的狼狈相:散乱的头发,黑黑的眼圈,失神的眼睛,泪流满面。突然,我清醒了。

"行了!再也不能这样下去了。不能这样活着。"

我真的不想重复这浑浑噩噩的每一天,好像脑子里响起了警钟,耳朵嗡嗡响起来。我对自己呐喊:"真的不想这样生活了。我的人生靠我自己来改变。我一定会成功!一定!我能!"

我望着映在车窗里的眼睛发誓。我在咆哮着,回声振动我全身的细胞。

我回到家打开笔记本写道:"我一定会成功!我的人生靠我来改变。我一定会成功!我一定会成功!一定会成功!"

我写了又写,这才哭出声来。平常再苦也不在别人面前流泪,像傻瓜一样独自哭泣的我,担心妈妈被惊醒偷偷地抽泣哽咽一直哭到天亮。通过往十里的那个人我第一次客观地看到我不愿意面对的自己凄凉的形象。

我会改变的

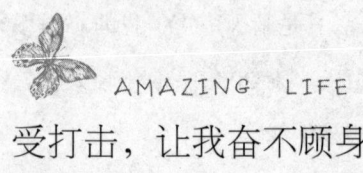

AMAZING LIFE

受打击，让我奋不顾身

　　电影《当幸福来敲门》，每看一次我都感动流泪。穷困潦倒的克里斯身无分文，无家可归，他无可奈何领着儿子来到地下卫生间插上门躺下来睡觉。他被人们的敲门声吵醒，他一边流泪，一边给儿子堵耳朵。身处绝境的克里斯渴望改变自己。他带着全部行李晚上住在流浪汉的临时住所，白天却在公司精神抖擞地工作，他渴望成为公司的正式职员。

　　电影里的这些场景，使我想到往十里的遭遇，便忍不住痛苦起来。往十里的占卜先生给我的打击太大了。不过，现在我反而感谢他，如果没有那一次打击，就不会有今天的我。古希腊的雄辩家德莫斯蒂尼古小时候口吃常遭人们耻笑，但他长期刻苦练习终于实现了自己的梦想。每当受到打击的时候，我都乐观地想：这件事过去后会有什么好事吧？面对打击，是勇敢，还是堕落，全在于自己的选择。受到打击后，我咬紧牙关说："是啊，我要改变我的人生！我一定会成功！"

说实话，我既没有能力，也不漂亮。我认为要想成功只能做好一件事，那就是学好英语。我要精通英语，像当地人一样说得地道流畅。于是，我决定休学一年。我跟父母说："我要休学一年专心学英语。早晨上英语学校，白天打工，晚上会回来得晚些。"我的目光炯炯有神，这一宣言成了我的巨大推动力。后来父母回忆说，当时的我什么话也听不进去。

当时有一所有名的英语学校，报名需要排队拿号。我凌晨1点来到英语学校一直等到6点才拿到号码，到7点才报上了名。从家到这所英语学校要走一个半小时。当时我每天晚上喝酒养成了晚睡晚起的习惯。参加英语早班后，我必须早点起床。

起初，不愿意早晨5点起床，一听到铃声恨不得把闹钟扔出去。尤其是冬天，迎着凛冽的寒风出门真是苦不堪言。但是一想到自己的目标，我就立刻起床写英语作业。一年来，我集中精力学习英语没缺席过一堂课。早晨听课，当家教，到餐厅端盘子，虽然很忙，但只要有点空闲，我就大声读英语。

我的奋不顾身、勇往直前的精神可归纳为以下三点：

单纯

无知

持续

我忙忙碌碌，晚上很晚才回家，常常累得筋疲力尽。由于整天想英语，所以晚上睡觉做梦也说英语。从早到晚太忙了，酒也不能喝了,与朋友们的交往也减少了。我周围都是学英语的学生、英语老师、留学回来的人、开发英语教材的人、外籍教师等与英语相关的人。

英语发音舌位很重要。为了发准 L 和 R 两个音,我练了一千多遍。我还主动向学院的外籍教师请教。经过一年的疯狂学习,我的英语发音有了很大的提高。随之,我的韩国语发音也受到影响,我说韩国语时有人居然问我是不是从国外回来的。

一旦下了决心,神也会帮助你

我渴望变化,渴望脱离令人窒息的黑洞。强烈的愿望使我热血沸腾,奋不顾身。决断的力量是惊人的。从此,我的生活方式和以前完全不同了。做出决断的那一刻开始,我充满了活力。发出多少能量,就能吸收多少能量。这是非常简单的道理,给予多少,得到多少。

献身之前可以犹豫

也有退却的机会

但开辟新的道路

有一条基本的真理

如果不懂这个道理

再好的创意和机会也无用

当你为事业献身时

老天也和你一起行动

让你不得不现身的前提是渴望

一切事情始于坚定

意外之事，相识相遇，物质援助

一切都会向我走来

谁也没有预料的事情出现在我面前

——喜马拉雅探险家 M.H.Murray

"当你为事业献身时，老天也会帮助你。"请你注意这句话。记住，从内心发散能量才能吸收相应的东西。理查德·坦普勒的《财富法则》里指出："真正想获得财富和成功，就应该有意地、大胆地朝着成功和财富前进。"不要把注意力放在挫折和失败上，要朝着你的目标发散能量，那么就会把相应的现实吸进来。

首先，你的观念很重要。你的决心多强烈，发散的能量就多强烈。如果找到了你真正喜欢的目标，就把它写在纸上，并立刻决心朝着目标做现在能做的事情。当你付诸行动的时候，你的眼前就会出现很多机会。

休学一年期间，我刻苦学习英语，拼命挣钱。3年级复学时，我已经变了，再也不像过去那样经常出去喝酒，闲暇时间也不再靠唉声叹气或者说人家的闲话打发时间了。其他同学已经是4年级，所以我不能和他们一起去上课。新的环境中，我一个人吃饭，一个人去上课，渐渐习惯独来独往了。

我很想劝告打算出国留学的人，不要以为出国就能学好英语，在国内也完全可以创造条件学好英语。事在人为，不管你在何处，只要有决心，就能改变一切。决心有着惊人的力量！

复学后，我还是一边打工，一边学习，而且努力争取奖学金减轻学费负担。我的学习成绩提高很快，所有科目的成绩几乎都是"A＋"，还有一两个是"A"，偶尔有个"B"。

我用"单纯、求知、持续"的精神状态刻苦学习。不过，光凭这种精神还不够，事情一个接一个总觉得很累，又由于过去的习惯没有完全消除，感情波动比较大，一旦陷入抑郁情绪中就难以自拔。虽然很努力，但缺乏自信，常常苦闷动摇，在几近崩溃的状态中挣扎。

我这时缺少一个最重要的认识，这就是缺乏对自身无限潜能的理解。内因是一切事情的根本原因，如果懂得如何利用潜意识把看得见的现实改变过来，就会少犯错误，而且在这一过程中不安和担忧的情绪也会减少。我想，我犯的种种错误也是学习的过程。所以能让大家听我的故事以便少犯错误，我感到很高兴。

在往十里受到的打击使我认识到不能长期苦闷下去了。我渴望走出黑洞，而且懂得除了我，谁也不能使我站立起来。不要听周围的人说你不幸，每当这时就正视镜子里的自己大喊一声：我行！然后，大胆地出去奔跑，奔跑，直到看见阳光为止。

现在，你以为自己蹲在黑洞里吗？那么，请记住，能挽救你的只有你自己，要对自己呐喊：我行！然后为自己鼓掌。你的强烈愿望和你的想法改变你的生活版图。如果放弃自己还是老样子,那么人生岂不太无聊了吗?不要掉进无望的陷阱里,要站起来,堂堂正正地让打击你的人看看你完全可以。当你走出长长的隧道时,你就会重新发现自己,并且更爱自己了。

不狠毒毋宁死

复学后,我专心致志地学习,拼命挣钱,朋友们说:"看不见你的这段时间,你怎么变得这么狠毒了?"我想对无忧无虑的朋友们说:"说我狠毒?不这样,我会掉进地狱的。到了那天,我不像你们能有人伸出手来救我。"虽然很想这么说,但没有必要。说出来,只能显得我更寒碜,所以只能默默地去做自己能做的事情。我渴望征服英语,并认为这才是我成功的唯一出路。没有钱,根本不要想出国留学,所以只能想尽办法在国内学好英语。想从服装专业毕业,就得刻苦学习争取到奖学金。而别人没有非努力不可的迫切性,这就是我与他人的不同之处。

有记者问国际影星金·凯瑞(Jim Carrey):"你惊人的幽默才能来自哪儿?"他回答:"是迫切性。我妈妈身体不好,为了让她高兴,我总是在她面前模仿各种夸张的姿势和面部表情,或者做出撞壁、下阶梯的动作来逗妈妈开心。"

"和愤怒与担忧斗争，就是你幽默的源泉吗？"

"是的。人们做事需要动机。我认为没有迫切的欲望就做不好事情。迫切性是学习和创造的必备材料。如果没有迫切的欲望，你的生活就不会有趣。"据说，由于家境贫寒金·凯瑞6岁时就到喜剧俱乐部表演挣钱。

我很迫切，也很艰辛。这一迫切性使我意志坚强，不怕困难，勇往直前。我不能受点挫折就坐下来唉声叹气，我没有时间，也没有理由这样做。

我非常喜欢威尔·史密斯（Will Smith）出演的电影。《当幸福来敲门》《全民超人汉考克》《七磅》等影片感人的故事和逼真的表演，每次都使我感动得流泪不止。有一次，在电视看到采访威尔史密斯的节目，从此我就成了威尔·史密斯的粉丝。他说话时散发出的强有力的能量、坚定的语气和目光都在说明作为黑人演员成功的理由。

The only thing that I see that is different is that I am not afraid to die on treadmill. I will run. I will not be out worked. You might more talented than me you might be smarter than me, you might be sexier than me, you might be better in all the nine categories. But if we get on the treadmill together, there are two things: You are getting off first or I am going to die. It's that really simple.

我与他人的不同点在于我不怕死在跑步机上，我决不放弃，我要跑到终点。即使你的能力比我强得多，比我聪明得多，甚至你在九个方面都比我强，但只要一起站在跑步机上，那么只有两个结果：不是你先累倒放弃，就是我在上面死掉。就这么简单。

不怕死在跑步机上的威尔·史密斯，他的敢死精神，天下谁能匹敌。无论遇到怎样的困难、失败和挫折，只要有这种精神，怎么能不成功呢？

我读过在忠南西山山沟里长大的李焕勇医生的故事。他投资50亿韩元在抱川市建了约60万平方米的平康植物园。这位医生小时候家里很穷，学习又不怎么好，所以常常被人瞧不起。学习成绩在班级仅仅排第15名的他梦想将来当医生，为此他勤奋学习。每当期末考试一结束，同学们都出去玩，可他却一头扎进图书馆学习，因为他知道自己肯定不及格，所以提前做补考的准备。由于基础太差，尽管后来他拼命追赶，还是在高考中落榜了，为了实现自己的理想，他选择了重读。一般高考落榜的重读生精神压力很大，脱发甚至得抑郁症的现象比较普遍。重读一年已经够艰难了，可他却重读九年，最后终于考入韩医大学。想当医生的信念使他十年来一边打工一边学习。他的坚定和执着怎能不令人惊叹。据说，有人曾问过他："您为了考大学苦读十年，假如您没考上韩医大学，会去干什么？"

"当然我会一直求学。除此之外，我没想过别的。"

李医生从没想过退路，他的目标只有一个，并决心为此孤注一掷。当我们全身心投入去做某一件事的时候，其产生的能量是巨大的。

"非它莫属"的渴望，背水一战的心态，无往而不胜。

有个故事叫破釜沉舟。项羽部队渡过漳河后，面对强大的秦兵，战士们都有些畏惧不敢前进，项羽命令道："把渡河用的船全部凿穿沉入河里。"等士兵们沉舟后，又命令道："每人只带3天的干粮，然后把所有的锅都砸碎。"

没有回去可乘的船了，3天以后军粮也断了。走投无路的将士们只能决一死战，经过9次惨烈战斗后，项羽的军队终于取得了胜利。破釜沉舟，背水一战的决死意念爆发出了巨大的威力。

现在的你，是否以破釜沉舟的决心走向新的旅程？大多数人在事情一开始就做出多种选择：这件事不行，就做出第二、第三选择。这样一来，能量自然会分散而且减弱。如果用背水一战的坚定决心去行动，那么就会无所畏惧，无可阻挡。

> 成长的条件在于你给予的能量，仅此而已。
> ——拉尔夫·瓦尔多·爱默生（Ralph Waldo Emerson）

AMAZING LIFE

当目标确定，我已判若两人

当目标确定，激情开始燃烧的时候，我已判若两人。我的思想只集中在一件事情上。我的行动变了，我遇见的人变了，我的经验也变了。我跟从前一样一无所有，身体依然有病，没有能做好的事情。但我的内心完全变了，而且神奇的是随着时间的流逝现实也开始变了。

能做好一件事就好了，钱再多点就好了，这种单纯的希望转换为"精通英语"的更明确而强烈欲望时，就开始有了很多变化。

　　谁都具有单纯的欲望。
　　希望有更多的钱。
　　希望住在更好的房子。
　　希望再瘦点。

希望是单纯的。但是这个单纯的希望转为更明确、更强烈的欲望时就会出现很多变化。

在美国接受培训时，看到有关材料，我吃了一惊。回想一下我的过去，当我坚定地做出决断后，就出现了以下变化。看看下面的变化，客观地想一想现在你处在什么情况中。

> The physical results you desire begin to manifest themselves.
> 你所希望的物质性结果开始出现了。

自从决心要精通英语后，我所关心的事情都与英语有关。坚持听英语广播，纠正发音，喜欢开口说英语，不说会觉得嘴痒痒。

我很想跟外国人一对一进行会话训练，可是交不起学费，怎么办好呢？正在这时，学校开设了外教会话课。我立刻选了这门课，进课堂一看，只有5个人听课。后来人越来越少，最后成了我和老师一对一的会话了，别提有多高兴了。

有个叫方允哲的人，25岁时听过我的心理学课，现在已经30岁了。他特别喜欢花样滑冰运动员金妍儿。有一天，他产生了跟金妍儿共进晚餐的强烈愿望。对此，周围的朋友们感到很荒唐，说他"疯了""这怎么可能呢"。然而，方允哲毫不动摇，一想到跟金妍儿共进晚餐就很兴奋。

过了几天，他突然发现某公司举行一项活动，中奖者将与金妍儿一起用餐，地点在加拿大多伦多，机票、住宿、晚餐等都由公司提供。他一看到，毫不犹豫立马报了名。报名参加这项活动的有12820人，其中要选拔10人。他会中奖吗？结果是他突破

1282∶1的竞争率,被选入10人之中,真的要飞往加拿大与金妍儿共进晚餐了。

到了加拿大后,关于谁坐在金妍儿身旁还进行了一次抽签,天啊,他居然中了。他在心里早已想象与金妍儿一起用餐的情景,所以用餐时十分自然。但是坐在金妍儿右侧的男子却紧张得直淌汗,连饭也没吃好。

可见,你的目的明确,并在心里总想着它,就会出现与它相关的结果。

> You will begin to see more opportunities related desire.
> 你开始看见与你的愿望相关联的机会了。

当你目标明确并决心实现目标的那一刻开始就会看见相关的现象、信息以及平时看不见的东西了,机会像被放大了似的出现在你的眼前。

其实,机会早已存在,只是你没关注,所以没能看见而已。可以说,我们不是用眼睛看,而是用心去看。

有一天,我产生了想买宝马车的想法。于是,第二天到江南区一看,满街都是宝马。买宝马的人真的多起来了吗?不是,宝马车的数量跟以前一样,只是我过去没有关注罢了。同样,你关注了,才能看见更多的机会。

> You are not affected by outside circumstances.

不要受外部的影响。

没有钱不能留学,我的生活环境跟过去一样,但我不再唉声叹气了。我正视现实,专注于"精通英语"这个目标,心里充满了激情。

休学一年学英语期间,周围的朋友们说,英语不是短时间内学成的,别抱有太大的希望了。还说,干吗非休学去专门学英语呀?要是以前的我,就会耳朵根软,犹豫不决,被人家左右。但是,现在不同了,我坚信自己的目标能达到。

我把全部精力都用在学习英语上。同学聚会、好朋友会餐我一概不去。自然我的生活轨道转向英语学校,打工,学习英语,早晨5点起床去英语学校上课。

You attract like-minded people.
吸引与自己相同的人。

不富裕的人喜欢跟不富裕的人交往。如果跟富人在一起,他们就会感到不自在,想快点离开。人们喜欢与物质条件和精神上相似的人交往。你想成功,就要和成功的人交往。如果在成功人士旁边感觉不舒服,说明你对成功的信念还不够坚定。

30岁出头,我就拥有了韩国仅有一台的轿车。它并非价格最昂贵,而是独特。当时我周围很多人追求独特忙于买车或换车。我加入了这个行列,所以我与他们接触的时间也多了起来。

我曾经沉迷冥想。稀里糊涂来到印度阿姆利则的一座冥想中心。我关注的书籍全都是关于冥想的,我周围的人也都是关心冥想的人。有一位加拿大的朋友去过3次越南的冥想中心,曾进行过长达20天的沉默冥想。神奇的是,我们居然有缘在韩国相见。可见,我对什么感兴趣,我周围就会聚集相关的人。

所以,不要抱怨自己没有好朋友,而是要问自己是否做得够好。首先,你要成为好人,你周围才会有好人。如果周围的人不合你的心,那么就应该提升自己。

另有一种情况是,原本是好朋友,但越来越疏远。朝着目标发展的时候,有人真心祝贺你,有人反对你,并想把你拽下来。回顾我的生活经历,有的人与我一起成长,有的人自然而然与我疏远,甚至断绝关系。以前,好朋友疏远了我,我会感到悲伤痛苦。但现在越来越明白了,疏远我的人思想感情与我合不来,所以疏远是必然的了。空位随着我的成长会有更好的人来填充。因此,离你而去的人,你不要抓住不放,也不要悲伤。一切相遇和分离都有理由,在人际关系上有时也需要剪掉枝杈。不把不好的因缘送走,新的因缘就没有空间走进来,也不能遇见我应该见到的人。只有腾出来,才能填满。

和什么样的人在一起,随之人生也会发生什么样的变化。我母亲也懂这个道理,她总说:"要交个好朋友呀。"是啊,看看我周围的人,就会知道我的思想兴趣集中在哪些方面。

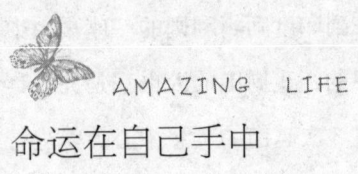

命运在自己手中

真正的因缘与暂时的因缘要区别开来。若是真正的因缘,就要真诚相待,全力以赴;如果是暂时的因缘,就要不在意地擦肩而过。如果不区别对待,并轻易地与相遇的所有人都交往,不仅交不到好因缘,还会受苦受累。

不要轻易与人交往。连擦肩而过的人都不放弃的话,就会白白消耗你的时间和精力。平时我们虽然与许多人接触,但有必要接触的只有周围的几个人。仅和他们结成真正的因缘,就足以使你过上幸福生活。

真实应该投给真实的人。这样它才能结成好的结果。把真实随便送人是危险的,等于告诉对方我手里的牌,这是幼稚而可笑的行为。我们交友可以得到帮助,也可能受到伤害。

> 大部分伤害是把真诚投给不真诚的人所致。
>
> ——法顶僧侣

You are awakened and your view of the world changes.
你觉醒了，然后你观察事态变化的观点开始变化。

我在家经常听到"现在经济不景气，生意不行啊。干什么也干不好，老百姓咋活呀"！我从小听妈妈唉声叹气说这句话，已经听了37年。我还以为韩国总是经济不景气呢。现在我对新闻里说的就业难啊，经济不景气啊等不再担心了。世界卷入经济恐慌的年代也有人照样事业成功当了百万富翁。19世纪中叶，美国发现了加利福尼亚金矿，西部人争着去采金矿。但是，有一个人与众不同，他没去采金矿，而是为采金矿的人加工牛仔裤，从而创造了惊人的神话。他就是李维·斯特劳斯（Levi Strauss）。

给采矿的人做结结实实、不易破损的裤子，这是他的初衷。对寻找机会的人来说，不管在什么情况下，他都会找出与众不同的观点。

Your intuitive factor grows.
锻炼你的直觉。

直觉是神的声音。目标明确、精力集中的时候，与那个目标相关的许多创意就会直接进入你的心里。这些是否合乎你的目标，当你直观地感觉到应该行动的时候，就要马上行动。例如，想去参加一个学术会议，或者想见一个人，就应该马上行动。那时，你就会遇见和你的目标相关的情况或者相关的人。

直觉是人类所独有的秘密武器之一。不用它，它就会生锈。如同肌肉越用越强，随着你的成长，心理肌肉越发达，你的直觉也越发达。

> You easily give up things that are not in harmony with your purpose.
> 赶快放弃与你的目标不相关的东西。

明确的欲望在心中燃烧的时候，要了解相关的事情，并立刻行动起来。相反，与愿望不符的事情就要放弃。果断决定，生活才轻松。当断不断拖延的时候，你就会知道心情是多么沉重。迅速做出决定，你才能轻装上阵。

从美国回来后创业初期，我的收入和生活都比在美国差多了。没有经验，缺资金，忧虑重重，周末也休息不好，满脑子都在想哪天交租金，存折里只剩500韩元等等。

不知怎么办的时候，碰巧有机会跟美国公司的常务理事先生一起用餐。他是我在美国TARGET公司时的上司。他对我曾经的工作评价很高，并希望我回纽约在他团队工作。我开始动摇了。

我多么喜欢纽约，喜欢在美国生活。再次回到TARGET，生活一定比现在好多了。

然而，我立刻拒绝了他。仔细想一想，我真正喜欢的是开办心理学校,为了我的目标,我应该克服目前的困难。最艰难的时候,拒绝诱惑,我不仅没有感到遗憾,反而感到很舒畅。我的决心更坚定了,我掌握了自己的方向盘,心里很高兴。

You want change.
你想改变现状了。

起初的想法是"精通英语"。后来,想在外国人面前用流利的英语进行交流。我的愿望变得更具体了。刚开始希望能挣很多钱,后来变得越来越具体了:我希望每月挣 200 万韩元以上,500 万韩元,1000 万韩元,要把其中的 3% 捐给不幸的儿童。

You gain emotional control.
你能控制情绪了。

过去,我的情绪波动很大。从小在阴暗的环境里长大,内心充满了愤怒,所以一旦发火,就难以控制。自从学习心理学、开办心理学校以后,发火的频率渐渐少了,一般的情况下能控制情绪不发火了。朝着热爱的目标步步前进的过程本身就是愉快的。所有的想法都与目标关联,与它无关的事情,我不怎么关心,不想陷进消极的感情漩涡里浪费能量。

还有一点是善于表达感情了。看到我的变化,我自己也感到惊奇。用语言表达心情,对我来说是很不自然的事情。曾经连"谢谢你"这样的话也说不好。现在我很爱说"我爱你""谢谢你"

来表达我的幸福感情。

请审视你自己,你是否经常表达爱心?不要吝啬,要向最亲的人表达你的感情。你先表达你的爱心,那么随之就会产生很多惊喜的事情,会让你每一瞬间都感到幸福。

> You move from a competitive to a creative mindset.
> 从竞争的思维方式转向创造性思维方式。

世界著名的巧克力蛋糕师交给10个人制作幻想巧克力的秘方。结果这10个人制作出的巧克力样式都不一样。因为每个人都是用自己的方式制作的。

冬天的雪花看上去雷同,但在显微镜下却显出各式各样的结晶体。我们每个人都是唯一而独特的。世上没有完全一致的事物,这就意味着所有的人都拥有充分的机会。

我在美国读书时,学生来自世界各地,其中韩国人只有我一个。有一次,在专家面前汇报学习收获,让我吃惊的是好像每个人都在说不同的内容。我们一起学习,但每个人的思维方式都不一样,所以即使引用同一个资料,表达方式和效果完全不一致。我再次认识到,我是世间独一无二的存在。于是从先前的竞争性思维中解脱出来,用属于自己的创造性思维方式慢慢做事。方向已确定,速度并不重要,这么一想,心里舒坦多了。

读这本书的每一位读者都是独特而珍贵的存在。每个人都有均等的机会,都能生活得很好,而这一切都始于自己的选择。

唯一的你

一株草
一朵雪花
各自都不一样
世上没有相同的存在

从很小的一粒沙
到夜空的巨星
一切存在
独一无二

企图相同
是多么可笑无知

出自内心的想法

毕竟不可能一致

我是唯一的

这就是我存在的可能性

请你也自豪吧

为了唯一的你

一切始于你

始于叫做人的

无限的可能性

——James T.Moore

You have an unquenchable thirst true knowledge.
产生学习真正知识的无可阻挡的欲望。

  我遇见的所有成功人士都是不断学习，不断提高自己的。鲍勃·普朗克特年已八旬，但经常坐飞机到欧洲各地参加学术会议。他说"真正的赢家是不停止学习的人"，还说"在自己的成长过程中，只要投资10%来学习，就能成为富翁"。

  我从今年3月开始每周三都到"周三论坛·人文之林"学习人文学。这个论坛是三星CEO财政设计师裴阳淑常务亲临指导的。年薪超过13亿韩元的她说自己的年薪不光属于自己，要用在让更多的人过上幸福生活方面。她为了给社会培养更具影响力的优秀企业家自费运营这个培训机构。每次听她讲话，我都受益匪浅。一年来跟从有名的教授们学习人文学课我收获颇丰，觉得周三是个幸福的日子。来此参加学习的人都是事业上取得辉煌成就的人，但他们都以谦虚的学生身份努力学习。

我已经获得 Brain Tracy International 国际教师资格，但每周四都坚持学习 Brain Tracy Leadership 课程。此外，还打算参加在美国、日本等地召开的学术会议。我觉得真的是学然后才知不足。

我遇见的成功人士，他们每天都读书，广泛阅览，他们想更多地懂得自己，提高认识水平，凭着特有的才能和内心的自信开拓命运。比起为了新的挑战去冒险，他们更喜欢给予和奉献。这就是建设性的成长，这样的人聚在一起，当然能构筑美丽的世界。

现在，你属于哪一类呢？是单纯的"想"，还是目标更明确、动机更强烈的"渴望"？看看上述现象你就可以客观地看待自己。客观地看待自己，懂得自己处于什么状态，这是十分重要的。因为变化从这里开始。

AMAZING LIFE

用 7 周时间健美

心理和身体是相关联的,身体会随着心理发生变化。据说,人的细胞在不断地更换。我们的身体每 11 个月全部更换一次。失去健康,成功没有意义。成功人士都注意健身,使自己的能量处于最佳状态。

我渴望拥有健美的体型。从小我就是喝口凉水也能胖的体质,脂肪多,身体虚,胖乎乎的。健美一词与我无缘,我从没进行过体育锻炼,也不知道健美方法。当我靠心理威力获得了很多,意识到心理威力是无所不能的时候,我做出 7 周美体计划,并积极付诸实践。

我想象自己渴望的健美身材。先按部位具体想胳膊,肩膀,腹肌,前胸,腿应该是什么样的。很久以前,我就喜欢胳膊腿的美丽线条。我特别喜欢美国电视剧《欲望都市》。这部电视剧讲述了4个女人的友情和爱情故事。其中我最喜欢的人物叫凯莉。穿礼服的她露出白嫩的肩和修长的胳膊十分优雅漂亮。我把凯莉的胳膊和肩的线条、健美主妇郑多燕的腹肌和腿作为我要达到的目标。我把她们的照片找了出来决心无条件达到目的。

然后，在纸上写好具体目标"47公斤"贴在墙上。下一步就是把注意力集中在我的目标上了。现在目标明确了，一想到减肥成功后拍摄的漂亮照片就激动得心怦怦跳起来。我见到第一位健美教练宋娜拉时就拿出我的照片说，我要用7周时间塑身。宋教练说，在这么短时间内恐怕不容易吧。我充满自信地说："可以的。发挥心理威力就能达到目的。"宋教练说："不要抱着太大的期望。"

开始训练了。运动比我想象的还要艰苦。第二天，浑身疼，胳膊也抬不起来。不过，我开始享受这种痛苦了。每天早晨起床下地走动的时候，就想我的身体正处在健美的成长过程。

为了达到47公斤的目标，我定了以下计划：

1. 每周跟着教练运动三次。

2. 不做运动时就做腹肌运动和有氧运动40分钟以上（至少一周两次）。

3. 调节饮食，每天详细记录吃了什么。

起初，事情多，觉得不方便，感觉是个负担。不久，有意识的行为自然而然成了习惯，不去锻炼就觉得浑身难受。写饮食日记使我能客观地看到每日吃的食物，检查是否吸取了蛋白质、碳水化合物等，逐渐走向健康生活轨道。

有一件事做起来很难。我特别喜欢喝汤，吃饭的时候从不剩下汤,尤其是辣汤、米肠汤、参鸡汤、牛肉汤,不论去哪个饭店都喝得一干二净。因此,很多朋友一看到汤,就想起了我,常常给我发来短信。

喝汤使人发胖对减肥是极不利的。一直以来,我每顿都喝汤。所以,其他可以忍,不喝汤可是太难受了。坚持不喝汤已有两周的时候,有一天去健身房的路上闻到了一股香味。回头一看,是诱人的辣炒米条和鱼糕汤。我呆呆地站在餐车前进行思想斗争。前一段认真锻炼了,今天吃一次没关系吧?吃呢,还是不吃?吃吧!不行!在等红绿灯期间,在混乱的漩涡里觉得时间过得真慢,简直馋得我差点掉眼泪。此情此景至今也难以忘记。就在吃与不吃的分岔路,我毅然决然克制自己转向我所希望的形象。

"感谢47公斤的健美身体。"我闭着眼睛想象在摄影棚里拍照的自己,想象7周后减肥大获成功后的完美形象,于是从美食前毅然决然走了过去。因工作关系和别人一起吃饭的机会比较多。每当到饭店吃饭时,看到眼前滚热的辣汤忍不住诱惑时,我就想象减肥成功后自己的形象。这样坚持下去,自然而然就改变了饮食习惯。适合我身体的黄绿色蔬菜、鸡胸脯肉、地瓜、土豆、低脂肪牛奶、粗粮饼干、苹果、香蕉等,渐渐吃得多了,也就成了习惯。

4年后的今天,吃饭时不喝汤已经成了我的习惯。不管有多大的阻力,把精力集中在一个目标,这叫意志。暂且想象一下自己躺在阳光下做日光浴,皮肤会变成健康的古铜色。然后再把凸透镜拿出来放在皮肤上会怎样呢?仅需两三秒就会闻到皮肤的烧焦味。这是阳光聚在一处的原因。

可见,把能量集中起来,其威力是巨大的。很多人从内心把能量分散开来,他们即使确定了目标,还要考虑事情如果不成功该怎么办。黄农文博士的《集中投入》讲了力量集中的威力。被我们称作天才的人,他们大多有很强的集中力。居里夫人在学校读书时,同学们在她身后摞椅子摞得很高,她也没有觉察。其实天才不是与生俱来的,而是他们懂得百分之百全身心投入。

请听听爱因斯坦说的话:"我并非头脑聪明,只是面临问题时,比别人想的时间长久而已。遇到难题的时候很多,幸亏神给了我敏感的鼻子和骡马的韧劲。"

朝着目标前进的时候,我们会遇到想象不到的困难。每当这时,有意地把精力集中在你的目标上,那么就会发生变化。起初可能不明显,但只要坚持下去,集中度就会提高。我集中精力运

动 7 周后，我的身体变成完美的状态。我的身体一天一天发生变化，在健身房锻炼的人甚至以为我是运动员。第 13 天开始，有人观看我的运动动作了。身体的变化越来越快了，每天早晨起床照镜子的时候，我会惊奇地发现自己变了。

下面的照片是我在健身房运动的情景。我的肩膀变化很快，不过有一点遗憾的是，由于在短时间里减少太多体内脂肪，结果

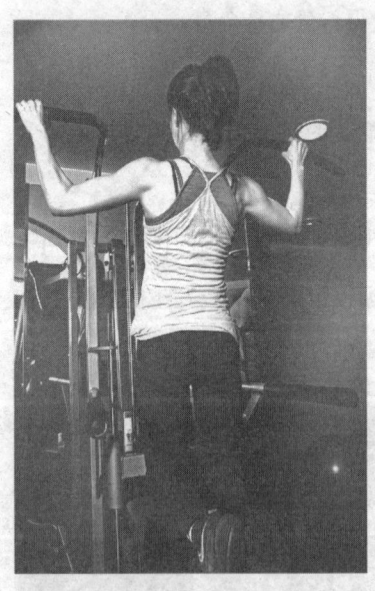

脸变得瘦削不堪。这是因为我只考虑到身体的变化，没有想到脸部的设计。

教练看着我身体迅速变化便啧啧赞叹我简直可以当运动员了。她说自己教过的学员中像我这样变化快的还是头一个。结果她对我的心理教育产生了兴趣，开始听我的心理课了，一直听到心理威力深化过程为止。她系统地学习了心理和身体是怎样联系在一

起的，心理对人生起多大的作用。为此她对我感激不尽。

我通过7周健身锻炼体验到心理威力给身体带来的巨大变化，这是一次珍贵的心理学实践。

危机是神的礼物

6周美体运动

两年前,我度过了最难熬的日子。我被挤到了一个悬崖边,又被挤到另一个悬崖边,最终摔了下来。我被最信任的人连续背叛两次又陷进债务深渊被告上法庭。

精神上的打击,遭遇背叛的愤怒使我难以入睡,于是大开吃戒,身体迅速膨胀起来。持续几个月都觉得自己的身体在坠落,浑身没有一点力气。如果没有在教心理学的过程中积累心理肌肉,我可能就此一蹶不振。挽救我的只有我自己。我重新振作起来,走出危机,开始把精力集中在自己的目标上了。

我需要一个转折点,想东山再起。为了重新站起来,为了新的开始,我决心进行6周的健身运动。也许精神压力太大睡不好的原因，4周过去了，体重才减1公斤。身体没有多少变化。

虽然努力，但没有效果。睡不好，吃不下，浑身无力，还要坚持健身运动，工作又忙，好多收入都拿去偿还债务……无论怎样锻炼，身体还是没有变化，急得我真想放弃，逃之夭夭。

我静静地坐下来整理自己的心境。想起了过去听到的一句话："危机是神的礼物"。据说，神送给我们礼物的时候，会把它包装成问题，把大的收获包装成大问题送给你。这些收获，如果不经历感情的折磨或者身体上的痛苦就无法得到。事情过去后，就会觉得那些痛苦是为了我们的成功，为了我们的幸福，为了让我们成为大人物而必经的过程。我安慰自己，为了成为更优秀的人，我正在经历这个苦难，时间是最好的药，只要熬过这个时间，我就会离成功更进一步。

无论谁都会遇到问题和危机。可以说，生活就是问题和危机交织而成的。然而，有的人能找到问题背后的礼物，有的人却陷入危机里唉声叹气找不到礼物。

在人生旅途中，难免有不尽人意的事情发生。请记住，后面一定有神为你准备的礼物。等你找出来并大声喊"通过"的时候，就迈入下一个成长阶段了。

健身运动过去4周的时候，我认识到自己到达了临界点。感觉只要过了这一瞬间，我的身体就会向我希望的状态发展。于是再次集中精力进行锻炼，还剩14天的时候，我开始写日记，拿出A4纸记录我的感情和目标、我的愿望等，还记录每天的饮食、运动情况和运动的原因等等，以此来唤醒我的潜意识。

从此，在剩下的14天里，我的身体开始急剧变化起来。可以说，在6周的健身运动中，我的身体在最后14天里发生了变化。这一次，我注重脸部健美，这是我爱自己的方式之一，心想，只有这样曙光才会重新照射我。

最后4天发生了很多变化，我疲惫的身体有了新的转机。我把我的能量全部集中在我的目标上。我难以忘记健身成功后拍照时的情景，我浑身的细胞都在开怀大笑。

健身运动使我迅速从愤怒和挫折中走了出来，而且我更爱自己了。集中能量就是这么神奇。

现在，您属于什么状态呢？还在问题里吗？请找出问题里的教训并大声疾呼"Next"！

然后，把精力集中在自己的目标上。在问题里挣扎是什么也解决不了的。人生短暂，要含笑生活，要潇洒地喊一声，然后走向下一个阶段。

成功的出发点，伴随着燃烧的渴望

"是啊，我要改变我的人生！我一定要成功！"

当我咬紧牙关发誓时，心里迸发出点点火星，继而便熊熊燃烧起来。这种燃烧的热情，在我22岁的人生旅程中从未感受过。我渴望变化，行动也与以前完全不同。我的目光炯炯有神。

我想起了拿破仑·希尔（Napoleon Hill）的著作《思考致富》（*Think and Grow Rich*）里的一个人物，他叫埃德温·巴恩斯。他是流浪者，有一天，他突发奇想要跟伟大的发明家爱迪生一起工作。假设首尔车站有个流浪者表示想跟安哲秀①一起工作，那么人们会怎么说呢？很可能会把他送进精神病院。

埃德温·巴恩斯没钱买车票，就乘坐货车来到爱迪生的研究

---

① 2012年韩国总统选举候选人。

所。他说:"爱迪生先生,我从远道来,想和您一起工作。"看到一身乡巴佬打扮的埃德温·巴恩斯,员工们都嘲笑他。爱迪生看到他坚定的眼神把他留下了。所有成功人士一般直觉能力都很强,能发现别人发现不了的事物。刚开始,埃德温·巴恩斯当清扫工,过了几年后俨然成为爱迪生的共同经营者,这时再也没有谁敢取笑他了。埃德温·巴恩斯的愿望不是单纯的梦想,而是熊熊燃烧的渴望。他的渴望,加上所拥有的能力和努力以及献身精神,使他终于实现了自己的愿望。

有这样一个男子。母亲酒精中毒,他辍学流浪。寒冷的冬天,他没钱买电炉冻得直哆嗦,这样的日子持续了5年。但他心里怀着想当演员的渴望。有一天,他突然决定再也不能这样生活下去了,要活出与父母完全不同的人生。他长得不出众,没有什么天赋,也没学过表演技能,有的只是一个渴望。于是,他去好莱坞向许多电影人毛遂自荐。

"你长得像傻子。"

"你的声音像傻子。"

"你绝对不能当演员。"

他遭到带有嘲笑和鄙视的拒绝1800多次。但他不后退,他带着自己写的剧本到处找人。世上无难事,只要肯登攀。他终于被一个导演看中了,后来发生了不可思议的奇迹。他出演的电影全部获得成功,他成了耀眼的明星。他就是众所周知的史泰龙(Sylvester Stallone)。

燃烧的渴望犹如疯狂的恋情。想一想,我们坠入爱河的情景是怎样的。想念他（她），总想快点见到他（她），内心喷涌无穷的能量，而且为了他（她）可以赴汤蹈火。

处在渴望的状态也是这样。渴望是实现梦想的动力。强烈的渴望促使你发挥极强的耐力。

所以应该寻找你所渴望的、甚至为此而销魂的事情做，并发挥自己的全部能量全力以赴，这是至关重要的。然而很多人不是这样，他们把自己的贫困和不幸全部归罪于社会、父母、教育制度，埋怨他人，埋怨环境。他们不懂得自己的能量有多大，以为至今的结果都是自己的极限所致。

请回头看一下，你全心全意做过什么事情没有？如果投入百分之百的精力奔向自己的目标，那么前边不光有挫折和失败，还会有成功的机会。只要充分发挥潜能，就可以把不可能变成可能。

成功奇迹——赵城姬心理学校学员的真实故事

学料理两个月，获得国际银奖

| 朴成姬 大学生 |

2013年1月10日17时17分，在江南地铁站3号出口附近S茶座的正面，我有幸遇见了这本书的作者赵城姬老师。这一天我永远难忘。

"成姬，你的梦想是什么呢？"

"我……"

突如其来的提问，我不知如何回答。我对自己的梦想没有很认真地想过，只好稀里糊涂做了回答。接着进行了很多问答。以为才过了十分钟，看了一下表，天啊，已经过了两个小时。我恋恋不舍地与赵老师分手回到了家。赵老师的话，余音绕梁，让我久久不能平静。

"你的梦想是什么？"

自从与赵老师初次见面后，我开始上心灵导师、成功人士、赢家形象等课程，参加有趣的5点感恩节目和礼服研讨会，还参与了"应答吧，Amazing 2018"主题年末联欢等活动。通过学习和参加活动，我发现自己有了很大变化。

我从今年5月开始学习料理。为了积累经验，也为了应用从赵老师那儿学到的心灵法则，我决定参加"2013大韩民国国际料理竞赛"。准备过程充满了艰辛，经常练到很晚，甚至通宵达旦。

　　心里很紧张，但我相信一切都会按我的所愿好转，即使不能取胜，也要享受这个过程。比赛在紧张的气氛中进行。比赛结束，公布获奖者名单，大家鼓掌祝贺。主持人宣布银奖获得者时，突然蹦出我的名字。我简直不敢相信自己的耳朵，呆呆地站了一会儿后才跟朋友们拥抱分享喜悦。真是令人激动的时刻。

　　银奖来之不易。那是我与大家讨论、反复实践的结果。这个奖激励我更加谦虚、努力学习，要怀着满腔热情对待料理工作。

　　去年6月，我参加了"有趣的5点起床节目"，从清晨开始我大喊我的目标。6月15日，参加讨论会的人第一次坐在一起进行交流，我们谈自己的梦想，互相学习，互相勉励。当时，我在纸上写下如下内容。

OH! Amazing! Happy Day!

　　2013年7月23日，我在Sheraton饭店结束了第一次实习。由于是第一次，有很多不足之处。在领导和前辈们的关怀鼓励下学到了很多新经验。以此为基础，我想做一名向世人传达幸福，用积极思维使世界变得更美好的人。向所有的人表示感谢。

　　6月24日开始我在饭店进行实习。在新的地方与陌生人一起学习新的知识真是一件快乐的事情。每天工作9个小时，觉得很累，有时真想坐下来休息一会儿。有一次，请假到卫生间坐在椅子上休息，这时赵城姬老师给我发来短信鼓励我，我立刻跑出去干了起来。

有一天，我突然想：太累了，悠着点也行。请一天病假怎么样呢？现在，我在这儿干什么呢？我又立刻想到在"有趣的5点感恩节目"里自己做的承诺。一天一天过去，在饭店无论做什么，我都感觉到我的梦想、我的目标越来越清楚了。每当切萝卜、擦桌子、为了锻炼身体不用电梯走楼梯的时候，我都对自己说：

现在，我正在做最重要的事情。

现在，我希望的一切都在顺利进行。

现在，我正在全力以赴做好我的工作。

现在，我感谢我健康地活着。

现在，我对这一切表示感谢。

就这样，我在心里大声喊着。充满自信的喊声在我周身回荡，顿时感觉充满了活力。

在实习期间，我没有迟到过一次。这次实习给了我自尊和自信，我的梦想和目标更加明确了。

最后讲一讲我的梦想。我的梦想是想当一名制造大酱、传统米醋和酒等发酵食品的专家。每天早晚我都进行冥想和祈祷。祈祷这个世界更加美丽、自由、和平，人们互相关心、互相帮助，让所有人的梦想都能实现。我从外部和内部听到了应答。带着教训和收获走近我的一连串事件，与许多人的相识，还有从心里不断涌出对这一切的感恩之情。

仅在一年前,有人问我有什么梦想时,我还不能直截了当、充满自信地做出回答。但现在我可以自豪地说出我的梦想,并告诉大家我身边有很多帮我实现梦想的人。

以前,我缺乏自信,后悔过去,害怕未来。现在,我原谅了自己,原谅了曾经选择畏惧、愤怒、憎恨的自己,让平和、快乐和爱填满我的心。

我突然产生这样的想法。假如神让我写一篇文章谈谈生命,我将如何回答呢?我将回答:"生活是证明自己本身就是爱的旅程。"尊敬的赵城姬老师和ONE AMAZING LIFE 咖啡屋各位会员,还有读这本书的各位读者,向你们表示衷心的感谢!

请问,你们怀着怎样的梦想呢?

通过上述文章,我们了解到朴成姬一年来进步很快。现在她被自己向往的法国著名的 L'ecole Lenotre 料理学校录取了。还有制作传统米醋的专家金镇宏先生答应亲自教她制作米醋和酒的传统方法。这些都源于她想继承我国的传统美食,让人们健康生活的美丽目的。

我为朴成姬感到高兴,寄希望于她能给这个世界带来一份美丽。我感到人生真是妙趣横生。

摔倒多少次也不怕

| 瑜伽教练，心灵导师第 33 期学员 |

我申请学习第33期心灵导师课程后心里很激动。我相信学习这个课程将会成为我人生的又一个转折点，而且会使我与坏习惯告别。

作为瑜伽教练的我，每当心情郁闷时就进行激烈运动。失恋的时候也是这样。人们不了解我，就说我脸色好身体棒呀什么的。当然运动是解压、调节情绪的好方法，还可以使人避免失眠的痛苦和外貌的憔悴。但是内心的空虚还是不能解决。

"心理也和肌肉一样，越锻炼越健康。"赵城姬老师的这句话使我认识到我长期进行的是身体肌肉锻炼，但没有进行心理肌肉锻炼，所以我的内心很脆弱。我在上课的过程中，还参加了"有趣的5点起床感恩节目"。赵老师创办的网上咖啡屋，每天早晨5点以前，她都上传激励一天的语句，我们就在下面写感恩的话。我们互相安慰，互相鼓励，充满了巨大的积极能量。

对平常清晨2点才睡觉的我来说，5点起床太不容易了。但5点起床的确令人感到充实愉快。以前也想过早点起床，但这个想法仅仅停留在新年的计划里。这次就不一样了。早晨5点起床的人都在网上咖啡屋写感恩的话,这个活动促使我在积极的情绪中开始一天的生活,并珍惜每一天。我还参加了讲师选拔赛。我想利用所学的"实现愿望的6条原则"进行一次挑战。

首先,我在"有趣的5点感恩节目"公布了我的想法,然后开始做认真的准备。比赛那天,上台讲完后走进休息室发现桌上放着一瓶水,瓶盖上贴着一张纸条,上面写有"讲得很好,谢谢!"。

心灵导师教育告诉我们,把心愿想象成具体的象征物时,其信念就会被强化。我把瓶盖上的纸条拿下来贴在手机上并暗示自己:"我要成为这个单位的讲师,再次喝到贴上纸条的瓶装水。"然后,每当使用手机时我都看这张纸条鼓励自己。三天后,我竟然被录取了。

当我沉浸在胜利的喜悦时,我又有机会参加了某家企业主办的创业竞选大会。共有22个企业参加,历经2天3夜的会议日程,最终选出10个企业。我顺利走到最后一项——5分钟演讲。

演讲顺序是通过抽签来确定的。我在心里想演讲时间靠前心里会紧张,时间太晚情绪会低落,最好排在第7位。那么,比赛9点开始,到了第一次休息之前10点左右就该轮到我了。带着这样的心愿去抽签,果然抽到的是6号。于是,10点左右我上台演讲,答辩结束后就是休息时间。时间和场面都和我的想象相吻合。心灵导师教育的效果真的如此奇妙吗?我惊叹不已。

但出乎预料,我落榜了。参加学习以来,一切都很顺利,所以这次失败有些难以接受。接到不及格通知的那天晚上,我心里不安,睡得比平时早。第二天,按部就班5点起床,坐在桌子前,但写不出感恩的话。于是打开本子开始检查我的内心。伤心,悲哀,羞愧,迷茫,烦躁,不安,另一方面又觉得没啥,我把这些记录下来。然后对7种感情一一进行盘问。为什么伤心?为什么悲哀?为什么羞愧?……一边问,一边把答案一一记下来,随着质问,问题一一解决了,我的情绪也好转起来。

第二天上最后一次课,学员和赵老师都在等待我的消息。我向他们如实汇报了发表顺序的神奇应验,落榜的失落,早晨5点起床反省自己等等。听我讲完,赵老师说:"只要一想象,就能如愿以偿,人生该是多么有趣啊。在困难中成长,在成长中经历痛苦。一切都有时机,你会有更好的机会。"

要是过去的我会怎么想呢?接到落榜通知那天,会觉得自己是世上最不幸的人,于是和朋友一起喝酒,第二天也喝得烂醉,在痛苦中挣扎。

通过5周的学习,我的生活按我的愿望发生了变化,其中成功和失败共存。如果有人问我,通过学习最大的收获是什么?我将告诉他"现在我的身心得到了平衡"。

如赵老师所说,我们的心愿和想象的事情,并非会全部走向成功。但是,任何时候都不要气馁。我懂得了实现愿望的方法,那就是摔倒多少次也不要怕,重新站起来就是了。

从消极到积极的变化

| 全西延,女,40多岁 |

早晨一睁眼,我就想如何以愉快的心情开始新的一天。

2013年3月31日1点左右,接到电话说婆婆家着火了。房屋化为灰烬,一件东西也没有剩下来。幸亏公公和婆婆去了教堂保住了性命。作为大儿媳的我感觉五雷轰顶,脑子里一片空白。

我和赵老师的相遇大概从这件事开始的吧。两周时间里,我有说不完的话,在现实面前我茫然不知所措。啊,这是在新闻里看到的事情……真是难熬的日子。

有一天,我发现我喜欢的一个电视节目组织一次免费旅行活动。我立刻提出了申请,有幸一个月后被选中。参加这次活动,我遇见了沟通专家吴钟哲,并在他的Dream Stage第一次见到赵城姬老师。我了解了有关赵城姬的情况后,动员丈夫一起去听赵城姬老师的讲座。

她说,我们的身体是由精神支配的,而我们的精神又是受潜意识支配的。因此唤醒潜意识,我们的人生就会朝着自己希望的方向发展。讲座结束后,我给赵老师发邮件提交了听课申请。

在参加第33期心灵导师教育的过程中，我逐渐明白了我的心愿是什么，并感觉这个课程会改变我的人生。课程很有趣，我认清了至今我失败的原因是什么，也明白了为了不重蹈覆辙今后该怎么做。课程结束后，我们写出自己的心愿在网上咖啡屋进行一周时间的讨论交流。我还参加了"有趣的感恩节目"，通过写感恩日记进行感恩训练。晚上睡前心想好事，早上一睁眼，就怀着感恩之心迎接新的一天。这样一来，平时突如其来的愤怒和不安之情渐渐消失了。

我想，我的心就像大地，不播种锄草就会成为杂草丛生的荒地。我们的意识里也有气恼、不安、愤怒、失败、恐惧等杂草般的感情，如果不克制，就会泛滥。我凭着坚定的意志锄掉杂草，播撒感恩、智慧、热情、纯真、成功、健康等积极的东西。有一天，突然从心里涌出一股喜悦之情觉得生活多么美好，心情愉快，充满自信。可见，怀有感恩之心，身心也会健康。

原来，我的身体不太健康，爱生气，吃不下饭。到医院检查，大夫说没问题，但一点食欲也没有，一天吃三顿饭成了负担，心情很抑郁。感觉所有的食物都油腻，吃东西很费劲，就像怀孕时的症状。一想一年要吃一千多顿饭，就觉得是个很大的负担。

吃饭，对别人来说是件愉快的事情，而我为什么如此讨厌？一想这些，我就闷闷不乐。我跟朋友说了我的烦恼，他们也不理解，还对我说"我是太能吃了，你看我的腰，你苗条多好啊"。

参加心灵导师教育后，才知道意识和潜意识的秘密。我们追求健康和富裕，但是意识却担心"啊，病了怎么办？"然而，潜意识只关注我的病痛，以为我关心的生活就是这些。因此，病人想治病，穷人想有钱，所有这些苦闷渐渐导致贫困和疾病。其原因就在于脑子里总想这些。

有什么样的观念，就有什么样的人生。我眼前豁然开朗，便立即行动起来。每顿饭我都好好做。吃饭的时候边吃边想：我喜欢吃东西，太好吃了，我感谢这一切。结果，渐渐爱吃饭了，身体也好起来了，觉得很幸福。

小儿子上初中时得过严重的过敏性结膜炎。不仅不能上学，连厕所都不能去。他的眼睛睁不开，我喂他饭，食物稍微热了、辣了，就淌眼泪，吃不了饭。作为妈妈的我，总觉得自己一个人吃饭对不起儿子，有负罪感，这种状况大约持续了3年，结果导致了厌食症。参加学习后才明白问题的原因在于我的想法。

我和孩子一起参加过丹田呼吸训练。在那里我做冥想时想象孩子的眼睛健康明亮。小儿子的眼睛总是有炎症，红红的，我看着大儿子照片想象小儿子的眼睛也像大儿子的眼睛一样明亮。

通过5周的学习，我认识到进行积极思维，满怀感恩之情，不畏惧未来，那么再大的困难也可以迎刃而解。我每天写感恩日记，与家人一起分享感恩之心，经常想自己的心愿并相信心愿能够实现。这样一来，我的行动也随之发生了变化，而且自然而然遇见有积极思维的人，与他们进行交流。

现在，我的周围有很多充满积极能量的人。与他们相识相见觉得非常幸福。他们善良，真诚，帮助我朝着幸福一步一步走下去。

再次感谢赵城姬老师，向她致以诚挚的谢意。

AMAZING LIFE
遇见凉爽的心灵绿洲

为什么总是往漏底的缸里倒水

无论怎样挣扎,也逃不出困境,这样的心情,你体验过吗?

"是啊!我要改变我的人生。"我下定决心后,欲望的烈火燃烧起来了。用单纯、无知、持之以恒的心态到处奔波。结果,英语提高得很快,复学后各科学习成绩也提高了。虽然当时就业形势严峻,但毕业后我很快进入一家美国贸易公司工作,工资也比别人高出2倍。我每天都在愉快的氛围里工作,这是我活到25岁以来最稳定的生活状态。

然而,我的内心一直不安,我的情绪反复无常。儿时经历的极度不安全和被压抑的潜意识,使我一旦陷进痛苦的回忆之中,就需要很长时间才能把情绪调整过来。我对自己没有一丁点的自信只有疑问:我能成功吗?我依然是消极而害羞的没有自信心的姑娘。

我心里有一个不能解答的问题，那就是我家的欠款为什么永远还不完？我每月一发工资，就交给父母100多万韩元，但家里的欠款还是不见少。爸爸、妈妈上班，我也上班，但我们家的债为什么还不完呢？

爸妈老实，聪明，宁肯自己吃亏，也不伤害他人，但为什么一直过着穷日子与幸福无缘呢？为什么我这么勤奋，还是改变不了自己的命运呢？觉得无论怎么努力，问题也解决不了。我想起了往十里那个人的脸庞，心想真的像他所说，我只能认命吗？

当我百思不得其解的时候，发现一本心理学著作约瑟夫·墨菲的《潜意识的力量》。书中写道："如果你生活得不幸福，不富裕，或者不成功，那是因为你没有运用潜意识。"读着读着，我的心兴奋得激烈跳起来。

"我们有无限的可能性，然而大部分人不知道这一点，连5%的潜能也没有用上，就死掉了。如果开发具有无限可能性的潜意识，那么即使认为不可能的事情，也会按照你的心愿实现。"这本书，我爱不释手一口气读完，感觉仿佛见到了生活的绿洲。我一遍又一遍，读了又读，读了10多遍，就开始实践其中的信息，读了20遍，对潜意识的理解加深了，读了50遍就想把书中的信息细细咀嚼吸进我的细胞。

我始终没钱，所以渴望挣更多的钱。上学时，我一边读书，一边拼命打工。进公司后，我利用业余时间当家教，但工作太忙，身体受不了。急于挣钱的人，一般急于改变行动。推销员们为了提高业绩，首先想学习改变行动的推销技术。但是，要想改变结果，就应该改变导致结果的原因。把钥匙落在家里，却因外边亮就到外边找钥匙，这能行吗？

"心理控制能力引你走向成功。"那么，心理是什么？听到这个词，你的头脑里会出现怎样的意象呢？每个人的心里对此各有各的图像。比如，一想到房子，脑子里就会出现玄关的模样。一想到妈妈的脸，刚才的房子意象就会消失，脑子里出现的是妈妈的脸。有人也许会想起"妈妈"这个词，但这是极少见的。

我们就是这样进行意象思维，所以心里的意象不明确，就会出现混乱。因此，为了理解心理，我们需要正确的意象。

心理意象是美国的 Thurman Fleet 博士于 1934 年开发出来的。他是美国著名的推拿师。

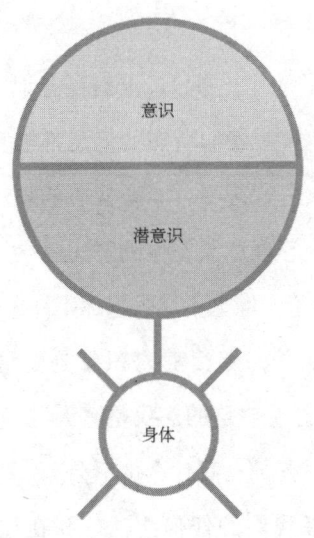

意识

潜意识

身体

心理意象

  Thurman Fleet 博士与其他医生不同之处是，不光看患者的症状，还结合心理进行治疗。在治疗的过程中，他发现人们对心理没有一点了解，于是开发了叫作"Stickperson"的图形。这个心理图形已在发达国家广泛利用，我的导师鲍勃·普朗克特在说明心理时也一定会运用这个图形。

  下面，让我们观察一下我们的心理图形。上面的大圆圈是心理，下面的小圈是身体。这说明比起我们的身体，看不见的心理更大，更重要。

  我们的心理分为两个部分。上面是意识，下面是潜意识。意识是我们思考的地方。我们所有的信息都被意识吸入并进行分析判断，合我心的想法就接受，不合我心的想法就拒绝。如果你通过眼睛第一次见到心理意象，你的意识就会进行分析，判断，接受这个想法或者拒绝，谁也不会强迫你不许这样想。

  如果意识是船长，那么潜意识就是船员。船长喊"我是富人"，船员就要跟着说"是的，我是富人"。船长说"我什么也不会"，船员就得说"是的，我什么也不会"。

  意识可以选择我们的任何想法。我在往十里受到打击后想"我要改变我的人生。我要精通英语。"这是我的想法，是我的选择。如果朋友对我说:"你不要这样下去了,你要改变你的人生。"要是这不是的我的愿望,我就会置之不理。

大约4年前,有一位听我课的30来岁的女子,她是某公司的推销员。她听我的课,并把所学知识积极应用到实践中去。有一天,她起来晚了急忙拿着提包坐电梯,不小心额头狠狠地撞到电梯门上。遇到这种情况,一般会想"今天真倒霉",按墨菲定律,一整天心里都不会高兴。可她却大喊"今天肯定有好事"。

有趣的是,她白天也在同一个地点撞了一次头,她还是高喊"今天肯定有好事"。在相同的情况下选择积极想法,还是消极想法,这是我们的选择。

我们选择的想法,影响我们的情绪。"今天肯定有好事"这个选择,会使她期待好事。于是,她比平时笑得更多,对待顾客更亲切,其行动也更自然,推销产品也更自信。那天她真的很开心,她创下了公司的推销记录。

据说,提取充满幸福感的人的细胞在显微镜下仔细观察,就会发现细胞振动得很快。反过来,充满悲哀消极情绪的人其细胞振动就很慢。

悲哀时,你就会转向消极的振动。如果有人跟你说生意不景气,你若受他的消极情绪支配,你就会产生消极振动。相反,心想快乐的好事,你就会转向积极振动。你若不喜欢出现在你生活里的结果,那么就改变你的振动。

现在,在你的心理屏幕上把你的心理意象画出来,你的所有能量就会一起为这个意象而振动。只要维持这个意象,你的能量就会朝着那个方向移动。

世间万物都在振动,并非停止不动。相同的振动会相识相遇。你的人生里出现的所有现象都是你拽进屏幕里的信息。吸引力法则是振动法则的一部分。

我们生活在原因和结果的世界里。人们大部分认为想改变结果,就应该改变行动。但这个行动的真正原因是心理。因此,想改变我们生活里出现的结果,就应该改变心理。"你想什么,就成为什么。"我们的想法影响感情,感情影响行动,行动改变结果。换句话说,要想改变结果,就要改变我们的想法。

美国哲学家爱默生(Ralph Waldo Emerson)说:"人就是这一天思想的他本人。"罗马皇帝、伟大的哲人马尔库斯·奥勒留(Marcus Aurelius)说:"人的一生取决于他对人生的想法。"

通过偶然发现的这本书,我真切地认识到"我现在的想法造就了今天的我"。以前,我总是看着所见的结果,盯着自己的不足和缺憾畏首畏尾。看着往漏底的缸里倒水的现实,心想即使挣很多钱,也改变不了现状。这种想法使我沉浸在消极振动的恶性循环之中。

之前所有的疑问都找到了答案。"为什么我这么努力,也逃不出松鼠的罗圈?"这是因为我的观念——看不见的根须和种子——心理不改变,树木和果实是绝对不能改变的。但是,人们大多想不到这个重要的、看不见的阶段。因此,得到某种结果后,就根据结果进行思考。

例如,有人发现自己的存折里没有钱,于是就联想到贫穷这个概念。在心里形成的概念就会表现为现实,会重复事与愿违的现象。你要懂得这个想法就是平生不能摆脱贫困的重要原因。

你拥有的存折余额、推销业绩、健康、社会地位等都是你长期想象的结果。现实中,你想改变你的形象,那么就改变你固有的观念,而且马上!

人们想努力改变生活环境,然而,对改变自己却很消极,因此,他们才总是被囚禁。

发现内心的奇迹

通过阅读有关潜意识的书籍,我对心理威力更加感兴趣了。布瑞恩·特雷西(Brain Tracy)说,普通人仅仅使用10%的潜能,爱因斯坦也仅仅使用了15%的潜能……那么,我的内心也有潜能吗?怎样才能把潜能最大限度地发挥出来呢?带着这样的问题,我在网上查阅了安东尼·罗宾(Antony Robins)、布瑞恩·特雷西、鲍勃·普朗克特的讲座材料。我的学习欲望越来越强烈了。我尤其喜欢鲍勃·普朗克特,但在韩国买不到他的讲座材料。于是我从美国邮购,包括邮寄费需花500美元,但一想到自己能从书本里学到很多东西,就不觉得贵了。在学习的过程中,我努力实践他的理论,结果我的思维方式开始变了。我内心的肌肉如同身体肌肉越来越健康了。

通过学习我发现扎根我心里的消极观念太多了,也认识到自己是多么不爱自己。不改变已有的潜意识里的思维模式，我的生活就不会发生变化。于是开始集中精力改变我的内心。22岁那年一直生活暗淡的我不知不觉中开始变了。我怀着"精通英语"的想法，在国内攻克英语，达到能与外国人交流的程度，并获得了美国乔治敦大学（Georgetown University）和韩国成均馆大学的英语教师资格证。

我曾在国际现代企业——美国三大流通公司之一的TARGET与美国、中国香港、意大利人一起工作，学到了很多国际礼仪。从二十五六岁开始，我的生活也宽裕了，30岁时拥有了韩国仅有一辆的外国车，每年到国外旅行三四次，生活很快乐。

我原来不相信男人，也不愿意见他们，但后来打破固有的偏见，和所爱的人相爱，过上了幸福生活。我利用闲暇时间学习料理、表格设置和爵士舞等。有一段时间我特别喜欢料理，在酒店学过意大利料理，那时常常在家招待朋友，过着十分安逸的生活。30岁出头，我如愿以偿过上了幸福生活，在阴暗的生活里，第一次见到阳光，觉得一切都很美好。

后来，我成了鲍勃·普朗克特的第一个韩国业务伙伴，我还建立了"赵城姬心理学校"，正在从事我最喜欢的工作。现在每一天，每一个瞬间我都在感受着幸福，并充满感恩之情。所有瞬间都是奇迹，都是礼物。

这些是怎么来的？这是我过去从没想过的事情。今天的一切不是因为我特别，而是因为我认识了心理威力，并把它运用到实际生活中。

各位读者，你和我，我们都有无限的潜能。但是发现它，而且能运用它的人却很少。我们的心里有创造奇迹的万能机器，但是很多人不知道，更不知道使用方法，最终和生锈的机器一起结束一生，这是多么可悲的事情啊。

假如不坚持学习心理知识，就不会有我的人生。一开始学习，我的内心就开始产生微小的变化，我的人生方向也开始变了。想象一下，你正在从美国东部开车去西部。从东部纽约开往西部洛杉矶时，如果把方向盘稍微转向右边继续奔驰就会到达加拿大。同样，起初看起来是很小的变化，但是观念的变化终究会改变你的人生轨迹，会把你引向完全不同的世界。

心理教育使我的生活发生了180度大转弯，而且我现在也在变化成长，并享受这种变化。我满足我现在的生活，喜欢不断成长、发展的自己。在每一天的不确定中，自信不断增强，越来越欣赏在这种恐惧中不断成长的自己。

人生真的很有趣。我从寒酸的配角变成生活充实而幸福的主人公。因此我的使命感更强。希望今后通过"赵城姬心理学校"让更多的人过上有趣的主人公生活，为此我将奉献我的一切。

请记住，我们具有无限的潜能，现在所要做的是去开动这个无限的万能机器。启动生锈的机器是需要时间的，但是一旦启动了，速度就会越来越快，并朝着我们想去的方向行驶。

如同想象里的图像，征服英语成功就业

22岁那年下决心要精通英语到如今，15年间我没有一天不学英语。大三复学后，听英语系专业课和外教会话课，课余时间戴着耳机听英语。我的奶奶、姑姑都在美国定居，为了进一步学好英语，第二年暑假我去了美国。在美国，我如鱼得水，独来独往，天天起早坐车去纽约，寻找机会练英语，很晚才回家。奶奶担心我的安全，送给我一部手机。周末就跟姑姑和姑夫出去参观旅行，3个月时间走遍了曼哈顿的所有景点。

我还跟表妹学习发音，问她我的发音与她有什么不同，随时随地向她请教。表妹被我的学习热情感动了禁不住赞叹不已。我喜欢美国，喜欢美国文化，喜欢人们朴素的衣着打扮和亲切的态度。在参观旅行的过程中，心想毕业后一定在美国公司工作。在美国期间，我的英语突飞猛进，回国后学习英语的热情更高涨了。

毕业后,我留在了韩国工作,但我选择了一家美国贸易公司。工作期间,即便是上夜班也坚持清晨到英语学校学习。我没在国外读过书,所以渴望留学。于是辞掉工作,申请到澳大利亚昆士兰大学(University of Queensland)留学学习英语。一切手续办理得十分顺利。

一个月后,我登上了飞往澳大利亚的飞机。我寄宿在一家教师家庭,他们一家对我很好,还问我:"你英语说得这么好,为什么还来学英语呢?"

第二天,到昆士兰大学见到教授,他说:"你的英语水平不必来这儿学习。既然来了,就给你安排到高年级吧。"这样我进高年级学习,提前6个月回了国,这是我决心"精通英语"后的第4年。

回国后,有一段时间为了就业出去了解情况。有一天,无意中走进首尔驿三洞德黑兰路的一座大厦。这是韩国面积最大的建筑,里面有很多外国企业,工作人员脖子上挂着公司标签来回走动的样子看起来很潇洒。

当时,我正极力实践墨菲《潜能的力量》一书里的观点。我在楼里转来转去仔细观察人们的表情。我想把西餐馆,咖啡厅,人们的模样,声音,感觉等尽量正确而生动地记在心里。

回家后,睡前醒后我都进行想象。想象我脖子上挂着公司标签在西餐厅与外国人说说笑笑一起用餐的情景,想象吃完饭到咖啡厅边喝咖啡边说笑的情景,在想象中我的心情好极了。

里面有哪些公司,如何才能进公司里工作,这些问题我一概没有想。只是想象我在里面工作的情景,并完全沉浸在那种氛围里。有一天,我曾工作过的公司经理给我打来电话说:"城姬,最近干什么呢?"

"刚从澳大利亚回来在家待着呢。您有什么事吗?"

"有一个很好的单位招聘,你不想应聘吗?"

"公司在哪儿呀?"

"驿三洞,你知道这个地方吗?"

顿然觉得全身麻酥酥的,脑子里仿佛流淌着音乐旋律。

顺利通过英语和各种考试,我走进想象中的大厦到TARGET公司工作。起初,这个公司里韩国人很多,所以没有出现我曾想象的与外国人交流的情景。

3个月以后,公司设置了针织品部门。我们的团队叫国际小组,主要与美国、中国香港团队紧密配合从事品牌服装贸易。做品牌服装最重要的第一个阶段是面料开发,我们团队的队员都是有经验的人。我进公司3个月就到国际小组工作,这正是我想象中的完美情景。我又一次深刻地认识到想象的神秘力量。

"啊,真的好神奇!"

这是我读《潜意识的力量》后第一个实践成果。从此,我天天想象。我体验到生动的想象如何出现在现实生活中,所以我不断地想象,而且特别喜欢进行想象的时间。

有一次,我出差到美国总公司。我坐在豪华酒店会议室参加会议跟与会者进行交流。感觉这个场景好像在哪里见过。"在哪儿见过呢?"仔细一想,这是我开始学习英语时所想象的情景。当时我目光短浅，想象中只有白人和亚洲人。碰巧那天会议室里有白人、中国香港人、印度人和韩国人。确定这一事实后，浑身仿佛触电一般。我想象的情景怎么这么巧变成现实了呢？我为想象的神奇而惊叹不已。

22岁时决心学英语开始，我就把自己想象成侨胞。每次学习英语时，我都像侨胞一样用英语讲话。后来，在昆士兰大学获得在世界各地可以教英语的TESOL资格证。在三星、SKhynix等大企业员工面前用英语授课时，人们自然认为我是侨胞。

我决心学习英语后，一切都在变化。自从学习心理学开始不断地进行想象并用心理原理学习英语。想象力是人类最伟大的能力之一，看到自己随着想象发生的变化，我忍不住惊叹不已。

从今天开始，您想进行什么样的想象呢？在笔记本上记下你所想象的内容，然后进行想象吧。从选择想象的那一瞬间开始，你的能量就会发生变化，其结果必将在你的生活中出现。

克服舞台恐惧症

我从小害怕在别人面前讲话。在美国参加 Life Success Training 时,最让我恐惧的是在专家面前进行演讲。

最后一次演讲,我认真准备了3个月时间。我每天让熊娃娃当听众在想象中进行练习。

从韩国坐飞机出发时,我就十分担心。上台之前,手心出汗,嘴唇干,脑子里一片空白,心怦怦乱跳。我做了深呼吸,在脑子里画出想象中的自己。在我前面上台演讲的男子已在美国当了十年顾问,看到他完美的形象,我的心理负担更重了。他的演讲结束,我走向舞台的时候感觉两腿直发抖。

"Hello everyone! I am so happy to have such an amazing opportunity today. My name is……"

我的声音微微颤抖。不过,令人惊奇的是说出第一句后,渐渐地，如同想象中的场景，自己开始滔滔不绝地讲了起来，而且越说越流畅。我与听众交心，有的人微笑点头。演讲结束时，会场里想起了热烈的掌声。专家们对我的评价比前一位男子还高。会后很多人称赞我说："It was an amazing presentation."（演讲很精彩。）当时的喜悦之情真是难以言表。在100多名外国专家面前用英语演讲，过了这一关，我还有什么可怕的呢？

想起了我的导师的话："Do it AFRAID."（做你惧怕的事情。）

现在，我才真正懂得了他的意思。离开安全舒服的空间，挑战畏惧的事情，这样我就会超越我内心的极限，发现我不曾知道的内心里的能力和可能性。这是一次宝贵的经验。

据说，运动员善于利用想象。意念训练是指在想象中进行训练，它是体育界术语，现在已被广泛运用。有人曾经对美国伊利诺伊大学（University of Illinois）篮球队进行过一个月的实验。运动员分为三个队，A队进行投篮训练，B队不进行训练，C队每天利用30分钟在心里想象投篮得分的场面。一个月后出现了令人吃惊的结果。B队没有进展，A队和C队有了25%的提高。

在2008年北京奥运会上获得女子75公斤级以上举重冠军的韩国选手张美兰，同时她也是这个级别的世界纪录保持者，她在比赛前都做了什么呢？在休息室手里拿着哑铃呢，还是观看其他选手们的比赛情况？都不是。张美兰闭着眼睛静静地坐在椅子上。平时每次训练她都闭着眼睛想象在竞技场上自己如何做。她在KBS访谈节目里说："参赛前一天晚上入睡前，我就想象第二天比赛的全过程，直到比赛结束走出赛场的情景为止，像演电视剧一样在脑子里想一遍。"

比赛前,她在想象中已经进行了无数次训练。然后,那个想象就变成了现实。如同想象里的图像,如同自己想象的情节,她真的成为世界冠军。

据说,高尔夫天才泰格·伍兹(Tiger Woods),仅 2 米距离的轻击就练了 250 回以上。我们要注意的是,他在轻击之前总是想象球滚进洞里的情景。

以上事例说明,意念训练对结果会起到多么重要的作用。我们把脑子里的意念如同现实发生的事情一样想象一下,那么就会产生实际效果。

我们的潜意识不能区别现在和将来。如同现在去感觉未来,在脑子里鲜明地画出轮廓,那么想象实现的可能性就会更高。许多故事和研究结果都证明了这一点。

"把成功的意念在脑子里画得越清楚,成功的几率就会越高。"

具体而生动地想象

石油大王洛克·菲勒说，自己的成功秘诀是在脑子里能够明确地看见计划完成的情景。他闭着眼睛想象巨大的石油产业，看见火车在铁轨上奔驰，响着汽笛声，冒着浓烟。成功人士们不断运用的秘密武器之一，就是对自己的愿望进行生动的想象。

在相同的环境下，有的人成功，有的人失败。他们之间的差距主要在于，成功的人在脑子里画出事业繁荣的图景，感受成功时的情景如在眼前。相反，失败的人被眼前的欠款单、债务、生意不景气等担心和畏惧所囚禁，心里乱如麻，容易使想象的翅膀折断。这样一来，他担心的事情真的会发生。

> Imagination is more important than knowledge.
>
> 想象比知识重要。
>
> ——爱因斯坦 Albert Einstein

我们周围的事物，其实都来自于前人的想象。现在的桌椅过去不存在，过去也没有纸，是在石头上刻字的。

想象一下现在我们使用的智能手机。如果十年前，有人说用电话看电视、上网、转账，大家就会说他疯了。现在我们享用的能看见的一切，都始于某人看不见的想法，是靠他持续而具体的想象而诞生的。

风靡全世界的著作《秘密》和DVD所强调的一点是把自己的愿望视觉化。越是生动地视觉化，越能使整个宇宙为实现它而启动。

李智成的《做梦的阁楼》写了善于生动地想象，而且想象居然变成现实的许多成功人士的故事。一个口吃的人，不断地想象口齿伶俐的自己，最终成为演说家；一位遭遇破产而且身患疾病的人想象自己健康富裕的形象，最终重新获得财富和健康。

不要以为这些故事与你无关，这些事都可能发生在现在读这本书的你身上。想象力不论积极的，还是消极的，24小时它都在运作。可惜的是人们大都以为想象是错误的思维方式。他们不去想象，不把想象与行动结合起来，而是想象为什么自己的想法不行，为什么做不到，从而把创意本身从意识里赶出去，所以无法发掘潜意识。

比如，年薪5000万韩元的人，把目标定在挣10亿韩元上。想象一年挣10亿韩元，心里很高兴。于是想喊"我行！"但是刚要行动的一刹那突然传来了怀疑的声音："这怎么可能呢？我真的能做到吗？一次也没有干过，这绝对不可能。"然后想起过去自己失败的记忆。想象年薪10亿韩元，越想越不可能。结果"是啊，我不行。我怎么能……就这样生活吧。"自己的理想就这样刚萌生就从意识里拔除了，又怎么谈及开发潜意识让理想实现呢。

许多人希望有更大的房子，更好的职业，更多的钱，但再看看现实情况就觉得它距离自己很远，于是从自己的意识里拒绝改变现状。他们让现状统治无限的潜能，更遗憾的是他们意识不到自己在限制自己。

拿破仑·希尔调查研究了全世界500多名成功人士，发现他们都拥有强大的想象力。

想象之前有一点很重要，那就是不要紧张，放松自己，在放松的状态下在心里想象自己成功的形象。

好了，现在放松你的身心生动地想象一下你的心愿是什么。想一想，拥有很多钱的自己，感受一下自己真正希望的生活。不要让现在眼里见到的现状统治你的心，把你的愿望想象得栩栩如生，当作已成为现实一样。这样一天一天不断地将现实生活中的自己置身于已经成功的情境中就会出现惊人的结果。

如果长时间没有运用想象力，想象力生了锈，那么可以进行训练。如果想象难以具体化，就在杂志或网上找出来做成自己的秘密蓝图。每天看着秘密蓝图想象自己就在那里。想象力越用越强大。

至今我的生活里没有一件事不是靠想象力实现的。小时候，我满是负面思维，经常想象恐怖电影里的场面，常常做噩梦。自从学习心理学以来，我只想象我希望的状态。坚持早晨醒来，晚上睡前都进行想象,这已经成了习惯。当然,起初这样做是不容易的,但反反复复,坚持不懈,现在不刻意努力也能自然而然地想象自己所期望的形象。而且令人吃惊的是想象的情景总能实现。

长期想象的结果是,想象长出了肌肉,想象力更丰富了。我一听到有关不卫生的事情,就会立刻想象,甚至能闻到臭味。的确想象的肌肉得到了锻炼。

不论从事什么职业,成功的人都能在心里预见自己活动的形象。真诚的想象自然与行动联系起来而且会变成事实。想象这一事实本身,难道不让你心动吗?

AMAZING LIFE

实现愿望的魔法 6 条原则

您在读这本书的时候，如果下决心"我也要改变我的人生"，那么就请使用魔法 6 条原则。这个原则非常简单，但很有效。这是拿破仑·希尔调查研究全世界 500 名成功人士时发现的所有成功人士都使用的原则。

钢铁大王安得烈·卡耐基（Andrew Carnegie）年轻时辍学，每天工作 10 个小时，日子过得很艰辛。但 1904 年他拥有了相当于现在的 3100 亿美元成为世界首富。他运用了这 6 条原则。爱迪生（Tom Ava Edison）和我的导师鲍勃·普朗克特等所有成功人士都运用了这些原则。因此，可以把它称为魔法 6 条原则。

我在确定目标的时候常常使用简单的 6 条原则。最重要的不是看完这个原则，合上书时说："哦，说得真好，我读懂了。"只有运用这些原则取得实际效果的时候，方可说真正读懂了这本书。

这是我的心理教育课程之一的策划课程 Mastermind Course 所强调的原则之一，按照这些原则去行动的人，全部实现了自己的愿望。再强调一遍，读了这些原则，不要仅仅记在脑子里！不要以为别人用它可以，而我不行！再小的事情也要去实践，这样才能知道它的威力。

拿破仑·希尔的《思考致富》(Think and Grow Rich)里介绍的这些原则，不仅适用于挣钱，也可以运用到其他事情上。

1. 确定你所需要的钱数。单纯地说"多挣点钱多好"是不行的，要确定数字。

取胜的第一个条件是确定目标，眼睛不要离开目标。目标如同咒文，它要明确，模模糊糊的咒文，只能得到模模糊糊的结果。人们大多单纯地想"我希望有更多的钱，更好的房子，更好的职业，再瘦一点，再漂亮一点，再健康一些，英语学得更好一点"等，这是不明确的愿望。极少的人能明确地说出具体要多少，要什么样的房子，做什么事，要怎样的身体。

高喊目标的时候，最好把目标当作现在的试题并使用刺激性的词语。例如，我进行健美运动时确定要达到 47 公斤体重。每当喊自己的目标时就感觉目标已经实现了。潜意识不区别现在和将来反映给感情，因此当你高喊的时候最能刺激潜意识。

2. 为了你所需要的钱，确定你要做什么。

世上没有无代价的回报。为了我希望的状态，比如为了健美就要有勇气放弃其他。要决定为了你追求的最大价值放弃什么。希望有健美的身体，但不放弃汉堡王，麦当劳，芝士汉堡（好吃，但热量达到 1000 卡路里），就不能达到健美的目的。

我想学英语，但和以前一样看电视，出去喝酒，那是不行的。为了追求的目标，应该放弃影响达到目标的原有习惯。其实，把精力全部集中在自己的目标上，自然阻力就会消失。

3. 确定能拿到钱的明确日期。

确定期限的理由在于能把迫切感传达给潜意识。确定期限，这个期限就变成启动潜意识的强制性系统。因此，确定期限的人与不确定期限的人，其结果是大不相同的。我进行 7 周健美运动和 6 周健美运动的过程中切实感受到这一点。日子逼近了，我体内的细胞做出反应，那几天中的每一天我的身体都在变化，这一点真让我惊叹。

有的人担心确定期限后，在期限内达不到目标怎么办，所以不愿意确定期限。如果期限内达不到目标，那么重新确定期限。这仅仅说明你还没有准备好，需要重新计算日期，直到达到目的为止不断地重新限定日期就是了。

4. 不管准备好与否，为了实现你的愿望，立即确定目标并付诸行动。

人们大多不愿意花费时间制订计划。既然下了决心，就为了自己的目标想一想你应该做什么。重要的是写出你现在马上能做的事情，并从今天开始立即行动。人们总是想，准备好了后才开始做。其实存有这种想法是任何事情也开始不了的。能走近自己的目标并且现在可以马上做的事情就要立刻开始做，那么下一步该怎么走，下一次就能知道了。

假设你在一片黑暗中开车。打开车灯行驶你能看清50米远,就会看清下一个50米,如此反复下去在不知不觉中你就会达到目的。不可能一开始就能看到终点,也没有必要这样做,朝着目标行进的过程中道路自然会出现在你面前。

传奇的人权运动领袖马丁·路德·金说:"在自信中迈上第一个阶梯。没有必要看全部阶梯。只管迈上第一个阶梯就是了。"

人们大多一开始就订出全面计划后才开始出发。其实,走到你能看见的地方,就会看见下一个地方,如此反复下去,某一瞬间你就会轻松达到自己的目标。

只是眺望大海,怎么能渡过大海呢?果断地开始吧!然后对下一个阶段有感觉了就写出下一个阶段的行动计划,每天如此继续下去。那么,行动就会把你带向你想去的方向,或者你未曾想过的更好的地方。

我们不能知道未来。但是要明白,你现在的想法和你点出的一系列的小点与未来是相连的。你现在的想法和行动决定你的明天。请写出为了你的目标现在可以做、只要做了就能走近目标的3个行动来。

5. 在纸上详细地写出前边你所想的4个内容:你想要的明确的钱数,为此而做的事情,明确的日期,明确的计划。

记下来,才能生存。再好的创意不把计划写出来也会夭折。世上虽有明确的目标,但写出来经常看的人只占3%。就是这3%的人能实现自己目标的90%以上。可见写出来经常看一看是多么重要。

为什么大多数人不把目标写出来呢?原因是,他在心里不相信自己能达到目标,并且认为写出来对达到目标没有什么帮助,还有一点是一旦目标没能实现,便于从失望中保护自己。

把目标明确地写出来,才能开始具体行动。正在读这本书的您,请拿起笔来写上"写出来,才能生存"。

6. 把写在纸上的宣言,每日两次睡前醒后大声读一读,还要想象我已经拥有了这笔钱。这种自信很重要。

遵守第6条原则很重要。你觉得高喊目标像傻瓜一样很不自然吗?你觉得实现你的愿望重要,还是甘愿像傻子一样生活?亲自做一做,感觉一下后,你就会改变自己的想法了。

为什么时间定在睡前醒后呢?因为这个时间最适合深入潜意识。在这个时间想象自己的愿望完全实现了,这种感觉很重要。潜意识不能区别现在和将来,因此,我们把未来当作现在来感觉的话,潜意识就会为了实现目标把全部所需吸引过来。

安得烈·卡耐基(Andrew Carnegie)为了穷人能致富,向世人公开了致富的方法,但是人们讥笑他,不信任他。而卡耐基的亲戚们却没有无视他的原则并虔诚地接受了这个原则。这是因为他们亲眼目睹了卡耐基每一天按照这些原则行事最终成为世界首富的过程,所以他们相信这些原则。他们实践了卡耐基的原则,不久也获得了财富。

我讲授心理课已进行到第39期。期间我引导学员使用这些原则,但很少有人坚持下来。然而,坚持下来的人都实现了自己高喊的目标。这个原则非常简单,但理解运用它的人却极少。努力实践这个原则,并且栩栩如生地想象凭着自己的热情一定能够实现目标,这样坚持下去,不管什么目的一定都能达到。

让我周围的某人认同我的梦想并不重要,让别人相信我一定能实现梦想,也不重要。重要的是我有梦想,并且我相信梦想一定能实现。

下面请写出不论什么心愿都能实现的魔法6条原则:

我的 AMAZING 目标!

把自己的目标当作现在进行时写出来。

我的 AMAZING 期限!

写出达成目标的明确日期。

我的 AMAZING 行动计划!

明确写出,为了达到本月目标现在立刻能开始做的3件事。

① _____

② _____

③ _____

AMAZING LIFE

运用魔法6条原则创造奇迹的人们

通过我的心理教育,运用魔法6条原则获得成功的事例很多。以月薪2倍为目标的20多岁年轻人,利用这个原则两周后月薪长了两倍,从代课教师成为英语学校的正式教师。此外,还有就业,英语成绩达标,考试成绩满分,通过考试获得工程师资格证等许多成功事例。下面讲讲其中一个人的事迹。

参加2009年第二期心理教育的一个年轻人,他跟人说话时不敢看对方的眼睛,紧张得脸上哗哗淌汗,社会恐惧症很严重。上第一节课时,他不好意思进教室在门外站了20多分钟后才垂头丧气地走了进来。然而,他在学习的过程中变化很大,表情也明朗了,而且开始爱自己,爱生活了。看着他的进步,我为自己的工作感到了欣慰。

在他身上发生了很多奇迹。他参加乐透比赛,以第三名的成绩获得了奖金近 150 万韩元,他把奖金全部送给了生活困难的父母。他看到有个学员拿出照片说欧洲旅行的事,就写出自己也要去欧洲旅行。几天后,学校选 50 人进行欧洲文化探访活动。1000 多人报了名,还要通过两轮考试。通过学习有了自信心的他勇敢地进行挑战,终于在竞争中取胜,免费参加了欧洲旅行活动。

在短时间内,他实现了自己写出来的愿望。他说通过学习自己收获的金钱价值已超过一亿。更重要的是,他通过学习认识了心理威力,并树立了自信心,这是无价的收获。

AMAZING LIFE
自我暗示隐藏着惊人的力量

"这是我在美国洛杉矶还没找到工作时候的事情。我每天晚上登上穆赫兰道俯视灯火辉煌的城市夜景张开双臂说道：所有的人都想和我一起工作。我真是个好演员。我收到了所有电影的演出邀请。"

"我说服自己说'许多好电影邀请我出演。'然后大声喊几遍。我想象许多电影邀请我出演，只是我还没有听到这个消息而已。然后想象做好应付一切的准备后从山坡上走下来。"这是金·凯利一贫如洗时常做的事情。现在他实现了曾在山坡上大声喊出的愿望。

我们想活用心理教育就是想刺激有无限可能性的潜意识，并把它的威力拽进我们的生活之中。下面谈一谈影响潜意识的三种方法。

1.Agreement（同意）

这是常用的销售方法，诱导对方继续做出"Yes"的回答，那么最后就难以回答"No"。因此，想达到签约的目的，就拿着合同书诱导对方继续回答"Yes"后，最后让对方签"Yes"。

请记住，如果同意周围人的不满情绪，或者无意中同意别人说的闲话，那么就会给你的潜意识以消极意象。为了朋友关系无奈在背后说人家的闲话后，回家时你会感到情绪很低落。你周围是满腹牢骚的消极思维的人，那么你的潜意识也会受到极大影响。

2.Shock（冲击）

几年前遇见一个20岁男孩，他使劲晃着脑袋说"我不吃米糕条"，态度很坚决。问他原因，他说吃了米糕条就会浑身起疙瘩。原来是他2岁时吞米糕条差点噎死。本人对此没有记忆，但潜意识因受到直觉冲击而牢牢记住了这件事。可见，负面经验、事故等直觉意识会装进潜意识里。

人差点死了，就会改过迁善。我周围有个男人每天工作很忙，就用抽烟喝酒来放松自己，弄得身体重度肥胖。有一天，他出差到泰国倒下了，被送进医院急救室抢救，他以为自己就要死了，感受着死亡的恐惧。经历这次恐惧后，他3个月不抽烟，不喝酒，体重减了10公斤，开始变成另一个人了。但是3个月以后，他又渐渐恢复原来的生活习惯，口里说一杯酒算得了什么，于是一杯两杯喝下去，结果身体比以前更胖了。可见极度的感情冲击也不能完全转化为潜意识。

3. Autosuggestion（自我暗示）

自我暗示是影响潜意识的强有力工具。自我暗示，是指我们通过五官给自己心理的暗示或刺激。它把自己的想法或愿望有意识地反复注入潜意识，以致产生巨大的影响。所有成功人士都相信自我暗示的巨大力量，而且积极去实践，从而过上自己希望的生活。

我们各自的内心深处都拥有无限的可能性。所有成功人士都理解如同肥沃土地般的潜意识，并把它运用到自己的生活中。最强有力的工具——自我暗示24小时亮着灯，积极或消极地影响我们的潜意识。

非洲圣人阿尔贝特·施魏策尔（Albert Schweitzer）博士说过这样的故事。他说非洲的原住民有这样的禁忌：孩子出生时，爸爸喝醉酒随便说的话就成了这个孩子的禁忌。比如，爸爸说"右肩"，那么孩子的右肩就成了禁忌，以为右肩挨打那个孩子就会死。如果喝醉酒的爸爸说"香蕉"，那个孩子长大后也以为吃了香蕉就会死。惊奇的是阿尔贝特·施魏策尔博士亲眼见过许多人因那些禁忌而死去。可见暗示具有多么惊人的力量。

观察一下自己一整天对自己说了些什么，是不是不知不觉中给自己做些消极暗示了呢？请把它记在本子上，对不好的暗示立即拒绝，只记明亮的建设性暗示吧。

"我的病不会好""我不会幸福""我做的事情也许会失败""感觉会发生不好的事情"等，对这些消极暗示要养成立即拒绝的习惯。那么坏暗示就不会起作用。然后，换成好的暗示，经常对自己说:"我很健康,有爱心,很随和,很幸福""我的事业日益兴旺""我做的事情一定很好""今天我会有好运"。要懂得从自己的潜意识里拒绝消极暗示,要填满积极暗示,那么我们就会粉碎破坏性暗示。

因此,重复前面所说的实现自己心愿的魔法 6 条原则是至关重要的。不过,说的时候不要光在嘴里说,要有感情变化。因为潜意识是反映给感情的。没有感情和信心光在形式上说是不能驱使感情的。所以要用现在时来读,并感受已经实现了的感觉。伴随着一定实现的决心,心中确定的目标就会渗进我们的潜意识里。

潜意识影响我们的行动。愿望渗进潜意识的时候,我们的行动就会自动受到影响。所以早晨晚上要反复读,还要把心愿贴在棚顶、桌子、床等地方反复刺激自己的心。

这样做,有的人起初会觉得不自然,甚至觉得像傻瓜。这是因为他从来没做过才这样想的。反复做下去,并成了习惯,就会看见你生活里的巨大变化。有的人不去实践,就说些闲话,这些人肯定没有真诚的愿望,或者对自己没有做过的事情不抱有积极的态度。

对新生事物持怀疑态度是人类的本能。但是一旦拿起了这本书,读者和我就有了缘分。通过这本书我们相识了。如果你读到这一页,那么你肯定希望自己的生活能发生变化。为了你自己,为了精彩的人生,请你勇敢地挑战吧。那么你就会被今后的变化所惊叹。

我们做的一系列事都是为了刺激潜意识。持续想象你希望的生活状态，不断地转换你的想法，这里最好的工具就是自我暗示。关于自我暗示的力量，我在生活中有过惊人的体验，也通过我主持的心理教育研讨会看到许多人的变化。

我们实现自己的愿望，自我暗示是十分重要的，这一点强调数百遍也不过分。希望大家用魔法6条原则重新设定目标，并反反复复读。

成功奇迹 ——赵城姬心理学校学员的真实故事

仅用两周解决大学4年的学费

| 大学生，心灵导师第2期学员 |

大家好！我是心灵导师第2期学员，在学习过程中我有很好的经验，下面跟大家分享一下。

我的妹妹今年上了大学。她25岁，由于家境困难工作一段时间后今年才考入美术大学。从小她的梦想是当画家，但是美术专业学费昂贵，所以心理负担很重。入学学费是用妹妹攒下来的钱解决的，但以后的学费就没有着落了。

我和妹妹都没有多少积蓄。看着忧郁的妹妹，我给她讲在心灵导师讲堂学到的成功法则和鲍勃·普朗克特的故事，告诉她学费已经解决了，不要担心，专心学习吧。妹妹和我各自在本子里写上目标："无忧无虑读完4年大学。"然后，每天晚上睡前，早晨醒后都看一遍，我还在早晨慢跑时一边跑一边想象妹妹高高兴兴上学的模样。

有一天，妹妹烫发回来，我发现她有了一个新包和一双新鞋。妹妹说："既然学费能解决就用攒下来的钱买了包和鞋。""哈哈哈！好好好！"我表面表扬她，心里却骂她疯了。

遇见凉爽的心灵绿洲·127

心想，光在心里默读和想象目标怎么能解决问题呢？于是，我到处找工作，还打听借钱的地方。

妹妹经常去郊外宿营，当然去那儿也带着手册。每天睡前醒后也大声读自己的目标，即便喝了酒也不忘读目标。几天前，我和妹妹跟一位姐姐喝酒，她是英才幼儿园的教师。喝酒的时候，妹妹说了每天大声喊自己目标的事，没想到有一天那位姐姐的幼儿园园长给妹妹打来了电话。

妹妹回家跟我说，园长要替妹妹交4年的学费。提出两个条件：一条是让妹妹今后资助三个学生，第二条是给园长指定的学生（保育院）一周上一次美术课。每一次课，园长支付给妹妹7万韩元。妹妹激动得流着眼泪，我也很激动，我坦然地说："你看，不是说都能解决吗？"

说实在的，根本没有想到会用这种方法解决问题。我想的是和妹妹一起打工挣钱，也想如何比别人挣钱容易些。可没想到一下子问题全解决了。不知道这个情况是我引进来的，还是妹妹引进来的，成功法则总是无例外地在运作。

现在我明白了。我们姐妹最大的收获是怀有感恩之心。希望大家也朝着自己的目标奋勇前进。

我的经验说明，坚持每天寻找一次答案，并努力下去，就是尽快实现目标的捷径。希望大家尽快走近自己的目标。谢谢！我爱你们！

没想到能跟理想型男人结婚

| 41岁，院长，英语教育专家 |

有个朋友经常向我推荐一些讲座。2013年春，有一天朋友给我打来电话问我周五下班后有没有时间。我没多问就去了江南车站附近的聚会场所。在那里见到了7个陌生的面孔和一位魅力四射的讲师。这就是我无意中参加的第29期心灵导师讲座。

我听过很多自我潜能开发方面的讲座，所以感觉不到怎么新鲜，也不抱有多少期待。只有对为什么叫Master Mind有点兴趣。听课的过程中，我对Mind的概念有了了解，并产生了信心，渐渐开始集中精力听讲了。虽然工作很忙，但很期待周五的到来。我年近40岁，已经工作了很长时间，如何协调好工作和生活的关系是我最苦闷的事情。其中还有一件棘手的事就是婚姻问题。我在30来岁时埋头工作没有时间考虑恋爱结婚。听课的过程中，我想结婚也可以利用Mind的威力吗？于是产生了好奇心。

"2014年秋天我要和理想的人结婚。"这就是我在学习过程中的第一个课题。不过，这个目标几乎是不可能实现的事情。首先，当时我没有恋爱对象；其次，年龄也不小了，而且交往的大部分是学生家长,机会几乎没有。然而,八字没一撇的我,却突然宣布了结婚日期。

真奇妙,2013年9月我竟然遇见了心仪的对象。现在是2014年,我们正准备结婚。几年前,我一提心理或潜意识很多人都给予否定。我向身边的人推荐心灵导师教育,很多人都表示反感,还说是不是新型的宗教团体。现在不一样了,我在事业上取得了成果,找到理想的爱人,拥有积极思维方式和感恩之情,对我的这些变化感兴趣的人越来越多起来了。我是相信上帝的基督教徒,我认为心理和潜意识是上帝给我们的能力之一。

通过心灵导师课程和结婚这两件事,我还有一点收获,那就是有了愿意和周围的人一起成功的愿望。把我所知道的成功秘密与他人一起分享,真诚祝贺别人的成功,这就是我学习心灵导师课的收获。能和周围的人一起过上幸福的生活,这就是我最大的幸福。

通过反复暗示，日销售额达5000万韩元

| 服装业女经理 |

这是一位30多岁服装业女经理的故事。她6年前听过我的心理课，至今我们关系很好。直到25岁为止，她对金钱没有什么欲望，美术大学毕业后，她妈妈经营的公司突然倒闭，房子被封，欠债8亿韩元。他们抱着小狗就要流落街头了。

家里没有兄弟姐妹，只有妈妈和她两个人。她为了挣钱只好来到首尔。1999年的某一天，她路过东市场看见人很多，于是产生在这儿卖货挣钱的想法。

她在地下摆摊，夏天雨季发大水时所有的东西都被洪水卷走了。她吃苦耐劳，终于贷款买了一个柜台。她起早贪黑干了一年，有了点钱后又投资跟3个人合伙一起经营一个大柜台。每人投资3亿韩元，她投了自己的全部资金。

起初还不错，但各有各的柜台，互相不服气，开始产生了矛盾。正在这时又发生了一起诉讼案件，她们被勒令离开卖场。就这样干了3个月，3亿韩元打水漂了。这可是一年的血汗钱啊。

当时，网购刚刚兴起，实体店买卖受到了冲击。她含泪结算

了一下自己的财产,仅有房屋保证金700万韩元和月入35万韩元的出租房。妈妈的债是一点也没有还。

她茫然若失。一想到在大邱受煎熬的妈妈,她必须咬牙东山再起。正在这时,她爸爸的一个朋友刚刚开始做服装业,邀请她一起干。于是,她跟他一起拼命干,一年多时间里一天只睡两个小时。然而,渐渐有了矛盾,有一天早晨,经理通知她被解雇了,而且要求从公司旁边的出租房里搬出去。就这样,一天早晨她就成了没有房子,没有钱,无家可归的人了。多年来她没有睡过一次安稳觉,结果还是一穷二白,状况反而比刚开始时还坏。

要钱没钱,挨了不少骂,受了不少气,身边的朋友们说她变了。受了挫折变得敏感的她,对他人说话很刻薄,完全坠落到最底层。"死了算了",可以说,这种想法在她脑子里闪现500多次也不算是夸张。

有一天晚上,开浦洞教堂的大门敞开着。她走进教堂坐在最后一排,望着十字架放声痛哭起来,感觉自己几乎要疯了。

妈妈的债勒着她的脖子,妈妈夜间做代驾司机,白天在饭店干活,一想到受苦的妈妈,她又不忍心死。想想自己辛辛苦苦干了好几年,反而债台高筑……感觉胸闷,喘不过气来,肚子里一股苦味往上涌,口干舌燥,眼前什么也看不见。

正在绝望中他遇见了一位贵人。大学时候很要好的一个姐姐拿出自己的积蓄4000万韩元鼓励她再挑战一次。她含泪决心做最后一次挑战。她看着镜子里的自己说:"这次失败,我就死。"

她全身心投入疯狂地干了起来,一天只睡两三个小时。"做不好,我就会死。"她背水一战,仅一年时间就还清了8亿多韩元债款。她说,决一死战后,钱就源源不断地流进来,感觉原来那些钱藏在某处突然间倾泻而出。

她来到我这是想找心理平衡,使自己的心理肌肉锻炼得更加坚韧。听我的第一节课时,她说:"我工作时的法则这里都出现了,我不知道自己做了什么,这里详细而系统地整理了出来。"她利用两年时间听完我的心理教育课程,还动员自己公司的全体职员来听课。

有一天,她决定扩大中国的服装市场。果断、有魄力的她去中国广州投资10亿韩元开辟了新的市场。一个月后,她打来电话说:"赵老师,出大事了。一天零收入啊。"

我说:"您带去了在我们这儿听课的材料吗?"

"带来了。"

"那么,再看一遍那些内容吧。您会找到答案的。"

过了几个月后,她又打来了电话用充满生机的声音说:"现在生意好极了。每天收入的人民币折合5000万韩元。"

她到底做了什么呢?调控能力差的职员们心理开始发生变化了。其中一个办法就是把手里拿着很多人民币开怀大笑的照片贴在墙上。这个照片暗示职员一天得进这些钱,让他们反复通过触觉和嗅觉看到照片里摸着现金的自己形象。所有的职员看着这张照片都笑容满面,心情愉快。这就是自我暗示的效果。

她还拿出一定比例的收入来捐助不幸儿童,并把那些孩子的照片挂在卖场。能够持续看拿着钱开怀大笑的自我形象和公司捐助的儿童照片，职员们自然而然感受到自己工作的价值，并充满了自豪感。

你的思想集中在哪里，随之你的能量也会集中到哪里。全体职员通过图像明确而反复地暗示自己公司的销售成果，一起分享公司的飞跃进展，从而在中国和韩国卖场的销售额急剧上升。

她刚到中国开展事业的时候，很多人说："一个女人在中国搞服装业太难了""会上中国人当的""在中国事业成功回来的只有1%""在中国搞事业不容易呀"然而，她却创造了在中国的神话。

从8点到14点这6个小时期间，两个小柜台卖每件5000块韩元的衣服竟然挣了5000万韩元，难以想象顾客该有多多。

一年以后，中国到处都有她的品牌服装。这个结果是所有职员通过自己的照片反复看到公司销售进展，分享公司的飞跃发展才产生的奇迹。起初的目标，周围的人都认为是不可能实现的，但她终究创造了超越目标的奇迹。

刺激潜意识的最有效的方法是自我暗示。每天早晨起来看什么画，听什么话，对自己说什么，都会决定你活得是富足，还是贫穷。请记住，通过自我暗示刺激潜意识创造财富。利用我们生活里最有效的手段变得更富有吧。你每一天想什么，说什么呢？

心理教育6个月,说出流畅的英语

| 朴世环,小学生,考入纽约一所名校 |

想起了6年前相识的名叫朴世环的男孩儿。比起别的孩子他个子较矮,面庞白皙,是小学四年级学生。当时有个朋友要求我一对一教他英语。他的家庭较富裕,他是家里的独生子,在英语文化院读了2年,但英语能力并不怎么好。

这个孩子很阳光,但说英语的时候却打不起精神来。打听一下原因,他妈妈说过去有个英语老师在英语课里打过这个孩子。从此,这个孩子对英语极度害怕,认为自己学不好英语。

我从第一天开始教他英语的同时开导他的心理。一切对话百分之百用英语进行,一切授课材料都是有关心理的新闻,作业是用英语写短文,每周换一个主题,引导他对自己的目标进行思考。确定自己的目标,并用英语写出来,用英语描写想象中的自己,为了实现梦想写计划等等,全都运用了心理知识。起初,他用英语写的短文都不长,后来在A4纸上写得密密麻麻。每次作业我都给他删改,并让他重写,还让他大声读。

另一种方法是在孩子的房间墙壁上写满以下句子:

"I am a walking dictionary!"（我是走动的词典。）

"I am so happy when I speak English!"（说英语时，我很幸福。）

"I am confident!"（我有自信心。）

在上课中间我和他开怀大笑，攥紧拳头一起背诵这些句子。这样过了3个月后出现了惊人的变化。世环的英语有了大幅度提高不说，他总是一副充满信心的样子。他参加区里的英语口语比赛获得了金奖。我对他的变化有过预见，但没想到他的进步如此之快。他很快吸收反复对自己说的暗示，并通过心理训练改变了对英语的感受。

之后又过了3个月，世环妈妈用激动不已的声音给我打来电话说："赵老师，世环没经过ELS就被纽约一所名校录取了。"大部分学生都得通过ELS才能去留学，可见世环的英语水平不一般。听说纽约学校的老师们也称赞他的英语说得好。

后来，我继续学习，从鲍勃·普朗克特那儿取得了Life Success Youth Consultant资格证。孩子们的心理和大人是一样的。不，孩子们更开放，吸入潜意识的速度更快，其内心发生变化后就能爆发无限的潜能。孩子与成年人不同之处是对词语的理解能力差。只要通俗易懂地解释词义，他们就会有很快的进步。世环的进步使我感到无比幸福。我又一次决心一定建立心理学校帮助人们正确理解心理威力，并把它运用到生活之中。

祝你尽早就业

我喜欢足球明星朴智星。据说,少言寡语的他从小常说的一句话是"我会成功",不是"我能成功""我想成功"而是"我会成功",这句话充满了自信。

你每天对自己说些什么,这很重要。不论什么话,是真话,还是假话,只要反复注入,那个人就会渐渐发生变化,最终变成另外一个人。谎话说一千遍,就会变成真话。人也同样,终究会成为自己内心深处所想象的人。

有这样一个故事。有一个退伍青年以第一名的成绩考入首尔大学。高年级同学每天跟他开玩笑说:"你怎么这么傻呀?"结果,他的言行渐渐像傻子,最后俨然是个傻子了。

对自己,对亲人反复说什么话是十分重要的。也许无意中对自己或别人反复说些坏话,那么你就会给自己和别人以坏影响。首先检查一下自己说的话,因为每天说的话累积起来就成了你的人生。

早晨出门前照着镜子你对自己说些什么?你每天对自己都说些什么话?有一天记者问比尔·盖茨:"您成为世界首富的秘诀是

什么?"

比尔·盖茨的回答简单明了:"我每天对自己进行两次催眠:一次是想象'今天怎么觉得我会有好运',另一次是想象'我什么都能做好'。"据说,比尔·盖茨出门前总是盯着镜子里自己的眼睛说这些话。

有的家庭消极语言成了日常化。

"我知道你会这样。你以为做那些难事就行吗?"

听这些话长大的孩子会对自己说什么呢?

"是啊,我怎么能做这样的事呢?别人不知道怎么样,我可不行。"

"我的运气怎么这么不好呀?"

"我干什么都不行,看来我不行。"

就这样无意识中期待的是负面的事情。

现在说出属于自己的宣言,属于自己的话吧。断言自己已经拥有了想要的东西、想做的事情和所希望的形象。要以"我在……"为开头,这是语言中最强烈的两句话之一。我们的潜意识会接受始于这种表现的所有语句,并把它理解为一个命令,即理解为应该使之发生的指令。

然后,既简短,又具体地把自己的心愿用现在时说出来。例如"我正在高高兴兴地开我的红色新轿车""我48公斤,很健康,感觉轻松而潇洒"就这样,把自己的心愿鲜明而肯定地表达出来。

写完这些话后,经常大声地读一读。读的时候,在心里把自己的形象生动地画出来,感受自己真的在其中。这里最重要的是读这些词语的时候，不要盲目地读，在反复读的过程中内心要有变化。感觉越强烈，生活中的变化也越快。

这是自我暗示的效果。持续反复的过程中，你就会变成心目中的那个人。这对改变你原来的样子会起到很大的作用。对自己的外貌没有信心的人每天对自己说："我越来越有魅力了。"那么，那个人的行动会在不知不觉中发生变化，最终真的会变成有魅力的人。

我有个朋友交了一位时装模特女朋友。这个姑娘竟然以为自己长得不好看，因而不好找工作。于是那个朋友就把"我很有魅力""我充满自信心""我很漂亮""我很苗条""很多公司愿意聘任我"等许多句子贴在她的墙上。

结果，过了6个月后，他的女朋友渐渐有了自信心，人也开朗了，工作也找上门来了。后来，虽然男朋友被她甩了，不免有些遗憾，但这件事足以说明自我暗示的威力。

我在庆熙大学国家就业支援"self-talk 节目"教学生心理学和英语的时候，我要求学生必须做一件事，那就是互相对视并握手说："祝你尽早就业。"学生起初有点不好意思，不敢对视，也不好意思说。他们觉得现在还没有就业呢，这样很可笑，也很幼稚。我在上课前、中间和下课时都让学生坚持说这一句话。

随着时间的流逝，学生开始真诚地喊"祝你尽早就业"，因而就业的烦恼也开始释放了，时间长了，就不再觉得不自然了，而且能真诚地祝福对方了。

结果令人惊喜的是高高兴兴喊的学生毕业之前都找到工作了。

强烈的波长是能传染的。它改变想法,是改变能量流动的有趣的工具,许多事实都证明了这一点。

那么,对自己喊什么呢?希望你有怎样的变化呢?

我做什么都能做好。

我总是挣钱比花钱多。

我总是充满信心。

我渐渐变成有魅力的人。

我总是在和缓的状态下用几个小时迅速处理很多事情。

每当朝着自己的目标前进时、发现自己脆弱时,就练习用自己的宣言来替代它。起初可能做不好,但反复练习就成了习惯,这个习惯会使你的人生发生有趣的变化。不再用别人的暗示,而是把自己真正所愿的暗示积极地活用在生活之中,创造唯一的、令人感动的属于我自己的人生。现在立刻面带微笑喊一句话。

想象各位读者的形象我也想喊:"我是帮助无数人过上幸福生活的世界性指导者,教育家,畅销书作家。"

成功奇迹 ——赵城姬心理学校学员的真实故事

重生为贸易女王

| 金XX，30出头，电子商务代表 |

我出生在平凡的公务员家庭，是家里的长女，平静地度过了青少年时期。我没有远大的抱负，当一名公务员有了稳定的工作就心满意足了。爸爸的工资不高，父母生活很拮据，我也很节约，几乎抛弃了消费的快乐。

参加社会工作以后，突然晴天霹雳，多年省吃俭用攒下来的钱不翼而飞了。我单纯无知，被骗了3次，真想死掉算了。就在我不知所措的时候，无意中发现《秘密》这本书。"你想什么，就成为什么。你认为可以，就能拥有它。"书里的话给了我希望。我开始按照书里的成功方式去行动。每天早晨起来写感恩日记，对每件小事都怀有感恩之情，这样心里很高兴。

我还把目标写在本子上，具体写到几月为止挣多少钱，然后每天做祈祷，结果我的宣言一个个都实现了。2年后，我挣回了原来的钱，收入也比其他朋友高了几倍。

挣钱虽好，但心里越来越空虚，感觉失去了自我。单纯地以挣钱为自己的人生目标，仿佛成了钱的奴隶，不是我支配钱，而是钱支配我。

所以,最近几个月做事精力不集中,也不坚持写自己的愿望了。隐藏在我内心深处的消极感情开始泛滥了。我开始消极地看待一切。我不知道自己为什么活着,觉得干什么都没有意思。眼睛盯在钱上,目标就模糊不清了,于是又产生了畏惧心理,比被骗钱的时候还胆小,随之收入也降下来了。

我决心重新想一想我的真正目标是什么。我到书店翻翻书,思考自己喜欢什么,要达到什么目的。但是目标模模糊糊,不知道如何找目标,如何把它具体化,心里一片茫然。

想起来几个月前有人向我推荐心理讲座一事。听说讲课的老师是《秘密》里的导师鲍勃·普朗克特的学生,是韩国第一位获得这一领域教师资格证的人,而且课程内容又是有关如何寻找目标的Goal Achiever。于是我马上报了名。

以前很多我自学相关的书籍时没有弄清的问题,在听课的过程中都一一得到了解答。我开始认识到从小积累起来的负面潜意识,也认识到不改变潜意识盲目地喊奋斗目标是不行的。

每节课我都很激动,明白了来这儿的人们为什么像教徒一样喊"amazing""amazing"的原因了。通过每周一课,我反省自己,找到了我的人生目标。

赵城姬老师说:"不要以'需要'(Needs)为目标,要以'想要'(Wants)为目标。我有愿望,但不知道如何实现。其过程虽然艰难,但令我心动的梦想是什么,要确定能持续超越我极限的大目标。"按照她的话去做,我终于找到了自己的目标。最后一周课我找到了自己人生的转折点，找到了让我心跳的属于我的目标。

"贸易女王。"

我找到了自己最想做的最高目标。现在我要做的事情就如同地图展现在我面前。有了真正的目标，我找回了生命的活力，对每件事都充满感恩之心。神奇的是听了赵老师的课后，我们公司的销售量提高了两倍。我不仅仅为提高收入而喜悦，更让我高兴的是这些钱会成为实现我真正目标的工具。

接着我听了"成功者想象"（Winner's Image）课，我把成功者形象印在我的脑海里，接下来的90天练习我也做了。早晨5点起床，锻炼身体，增强体力，阅读经济杂志和贸易方面的书籍，运用优先顺位的时间管理方法，每天写10件感恩的事等，我设计了实现我梦想的琐碎习惯，用90天时间进行不懈的努力。结果原有的不好习惯基本都改掉了，对未来有了信心，自信心也强了。公司事业也越来越兴旺，90天的训练就要结束时，销售量达到3年以来的最高水平。

为了我更大的梦想，为了成为国际舞台上的贸易大王，我想暂时放下一切出去旅行1年。到世界各地感受当地的文化，通过多彩的体验找出更有创意的项目，为更好地开展贸易事业做充分准备。我想把各个国家的特色和我们的项目联系起来，给它们注入梦想，继而和世界各国的事业伙伴一起设立国际捐赠财团，帮助有困难的人。

为了实现我的梦想，今后要做的事情很多。今后的道路依然会曲折,但我不怕。我有明确的目标,倒下了也能像不倒翁一样站起来,因为我有如同阳光般的愿望,实现梦想的过程——今天,我感到愉快而幸福。

传播感动和爱心的乐透妖精

| 金英珍，30多岁，《你最棒》理事 |

乐透女王诞生之前

我们家的故事很曲折。小时候有过几次艰险，但在父母的努力下都化险为夷了。然而，3年前的失败余波太大，使全家坐在债堆上战战兢兢，度日如年。

开始我埋怨爸爸，对处在这种状况的自己也十分讨厌。怨恨自己为什么不能挣很多的钱？书也读了，可为什么不如人家？常常在这样的自责中入睡。

3年来，我除了干活就是睡觉。周末就睡20多个小时。我不见朋友，几乎断绝了与其他人的联系。我喜欢与大家一起度过快乐的时光，但我笑不出来，也不愿意说自己的处境。下夜班回到家里也不开灯，在漆黑的屋子里哭，常常哭着哭着就睡着了。心想，就这样永远睡着不要醒来才好。

3年来上班挣的钱全都用来还债了。我还利用业余时间打零工，可是奇怪的是只要手里有点钱就会发生意外的事把钱花光，结果手里一点余额也没有。

原来我当临时工,这样可以找多份工作。但2013年2月开始,我不得不找固定的工作了。结果工资不多,3年没有缴纳健康保险费。真是焦头烂额,身体病了,我也不愿意去医院,只想静静地死去算了。

健康保险费问题跟有关领导好说歹说才被允许分批补交。之后,过了一个月就需要交钱,但存折里没有钱。我给领导打电话求情,结果被一口驳回。挂电话时眼泪夺眶而出。我的生活太悲惨了。要走进办公室,但我不愿意让人看到我的狼狈相。眼泪为啥不分时间地点流下来呢?我在卫生间抹眼泪时看到了左手食指上的金戒指,它是我用获得的奖品金钥匙做成的戒指,它太珍贵了,真的不想卖掉它。

妈妈的首饰和我的金项链早已卖掉了,这件我真想保住。但无奈下班路上我进金店兑换了19万7千韩元。缴保险费用了17万5千韩元,还剩了2万2千韩元。我到路边乐透店买了一张1000韩元的乐透券,心里稍微得到了点安慰。

我没有任何依靠。绝望的我只有这一张乐透券,它守护了我过去的11年时光。每当困惑的时候,虽然很想积极思考勇敢地站起来,但在巨大的绝望面前我又萎缩下去。就在这样绝望的日子里,我也坚持每周买一张乐透券。

乐透女王诞生以后

9月12日,我听了赵城姬老师的讲座。她说自己的过去就像往漏底的缸里倒水一般看不到一线希望。我的处境就是这样，不论怎么拼命也依然没有一点剩余。老师讲完课，我鼓起勇气走近老师要求她拥抱我。她欣然拥抱了我。

接下来老师说，要奖给听课感想写得好的学员一本书——《伟大的发现》。有一个男子入选，大家鼓掌祝贺他。这时老师突然说："啊，这位不能不给。再选一位，想当乐透王的女士在吗？"当时激动的心情真是难以用语言来表达。回家的路上，我给赵老师发短信感谢她，决心从这一周开始为了赵老师继续买乐透券。

2013年12月，赵老师让我听心理教育第36期课程。听课前后我的变化太大了。赵老师每次见到我都用坚定的语气说："你喜欢乐透，你在实践之中。可以说你已经是实现了自己的愿望。"她的话给了我巨大的鼓励，跟她在一起的时候感觉我变得异常坚强。

每买一张乐透券都倾注了我的渴望。至今11年来，已用10000多小时倾注了我的心愿，所以，我才能成为乐透王。这是11年来我的执着信念给我带来的礼物。

我终于学完心理课毕业了。通过5周的学习过程，我找到了自己应该走的路，把绝望的心情和行为全部抛弃了。现在我感到很幸福。我的确和以前不一样了，现在我有信心创造我的幸福人生，我有了心理和思考的力量。

熬夜的人知道冬天早晨5点到5点半之间是最黑的，挺过去这一段时间就会看到天亮。我现在和学员们一起进行"5点感恩训练"。天还没亮的时候,怀着感恩之心迎接新的一天,心情是很快乐的。

赵老师帮我把"5点感恩训练"活用在乐透上,所以我的乐透号码调节能力上了一个台阶。怎样把我要说的话用乐透数字表达出来?我整日思考这个问题,经过几个小时后完成一篇乐透信时我高兴极了。

更让我高兴的是,我的乐透信带给很多人快乐。不光自己高兴,也能带给别人快乐,我感到很幸福。在我的乐透信上融进世间最高价值的人就是赵老师。感谢我为乐透号码苦思冥想的时间

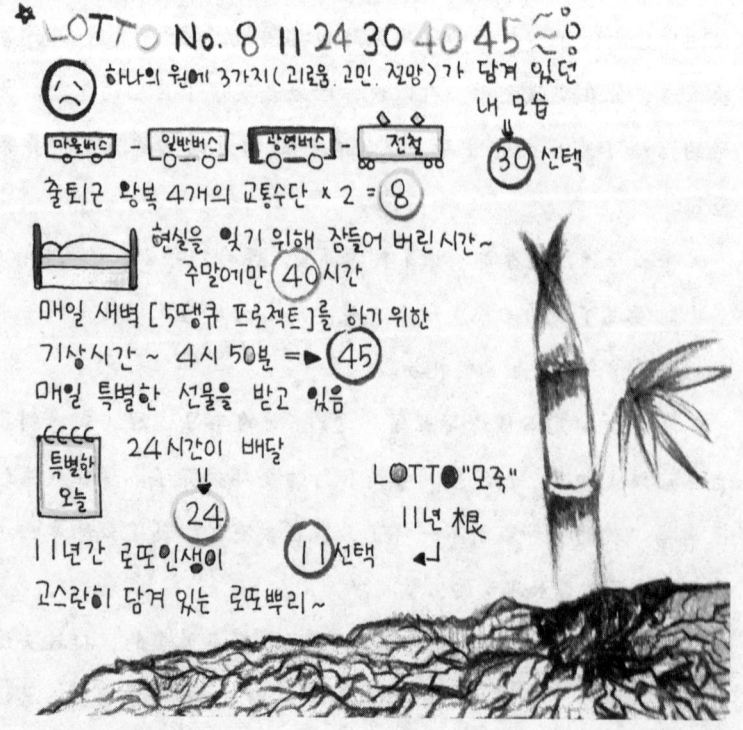

和指导我、理解我的赵老师。

我正在为寻找我的人生梦想而行动。制作把我的亲笔信、乐透和漫画融为一体的乐透作品，就是我的梦想。用乐透信把与人们相遇的数字表达出来，这是我的初衷。希望更多的人能看到我的乐透信。

听心灵导师课的过程中，我想起了我的过去，流了很多泪。心想，如果我更早些时候知道这个课，我就会更坚强，这么一想不免有些后悔。但是，现在的我幸亏听了这个课，开始有变化了，而且充满了感恩之心，我感到十分幸运。

因生活窘困寄希望于乐透的人，我诚心向你们推荐心理教育课。它会给你们带来战胜困难，实现目标的勇气。

没有目标，或者不知道树立什么目标的人，现在立刻来听心理教育课吧。在这里你会像我一样发现新的自我，遇见新的世界。

AMAZING LIFE
从野马一跃成为名马

先行动起来再说

有个男人到教堂做祈祷:"上帝呀,我需要休息。我想中彩票。我全心全意相信您。"

他没有中彩票,又到教堂祈祷:"上帝呀,我对妻子很忠诚,我也不喝酒,我诚实善良。请让我歇一歇吧。让我中彩票吧。"

一周后,他没有中彩票,又到教堂祈祷:"我用积极的语言自言自语,用积极的词语说话,在心里真切地想着钱。上帝呀,请您让我不做这些,歇一歇吧,求您让我中彩票吧。"

突然,天空轰然裂开,教堂里充满了辉煌灿烂的光和音乐,传来低沉的声音:"我的儿子啊,让我歇一歇吧。去买一张彩票吧。"

静坐不动,只是想象,就不会发生任何事情,必须行动才行。

读过《秘密》的成千上万读者至少都熟悉吸引力法则。然而，很多人没有掌握它的原理。不行动，吸引力法则就不能有效地启动。现在不马上拍屁股起来做自己能做的事情，就不要期待你的生命中会发生什么奇迹。想得到苹果，就应该准备剪刀和篮子。

听说过行动大学①吗？这是全世界唯一的一所特色学校，一个月只上一次课。这所学校的校长是已出版70多部著作的汉阳大学教育工科的著名教授俞永万，副校长是尹光俊，这所学校共有7名教授轮流授课，他们和学生一起吃饭，一起品尝葡萄酒，课上得很火爆。

这所学校以普通社会人为对象，开设大学一般不教的课程——挑战精神和热情、人际关系、网络化等。第一届就有教师、律师、军人、企业家、上班族等40人参加学习，结果他们的生活发生了变化，敢于挑战了，教学反应不错。第一届40人已经毕业，第二届招收了50名。我现在是这所学校的心理学教授，讲授什么是心理，为了在生活中引出心理威力应该怎么做等问题。这里聚集了各个领域勇于追求梦想的人，在这样的环境里学习，学生受益匪浅。

美国著名的心理咨询师、7本畅销书作家、演说家杰克·坎菲尔德（Jack Canfield），在多年来的教学实践中发现胜者与败者唯一区别是"胜者行动"。一旦订了计划，他们就行动。他们在失败中吸取教训做必要的改正，然后继续行动。

---

① 这是一所心理学校，学制4年，一个月上次一课。原来叫肯定大学、勇气大学、挑战大学。现在的名称来自"No Action Think Only"。

对自己的心愿进行生动的想象是如何重要,对此杰克·坎菲尔德说,在心里进行生动的想象会把实现你的目标所必要的人、手段,机会等像磁铁一样吸过来。当然要跟上行动。

如果我只想从鲍勃·普朗克特那里获得 Life Success Consultant 资格证,而不行动就不可能达到目的。下决心后,我就开始行动了。在挑战与否的岔路上,我义无反顾地行动起来,并第一次感受到极大的危险。

在美国的学习过程很不容易,如果我不行动,就不可能成为鲍勃·普朗克特的事业伙伴。

从美国回来后,我就大胆地开展工作了。刚开始时,不知道怎么做,举步维艰,我只能向身边的人翻译我所学的内容。

首先,联系了跟我关系较好的朋友、姐姐、以前的上司、后辈校友等8个人。我说明了自己获得了什么证书,心理知识有多么重要等,邀请他们8周免费听我的心理课。于是这些人稀里糊涂抽时间来听了我的课。

有关资格证的事,我在朋友圈里只跟最要好的两个人说过,因为我担心决心会因不理解我的人而动摇。再说,30多岁了,放弃原来的职业拿出全部财产开辟另一个领域,不知道别人会说出什么话来。

"你疯了?"

这是我跟最好的朋友小心翼翼开口后,听到的第一句话。听了这句话,我也怀疑自己是不是精神不正常,疯了?

起初,看不见的目标种子进到我心里时,难免很小的冲击都会让它无法发芽,所以直到种子在我肥沃的土壤——潜意识里落下根来为止,最好是缄口保密。当然心心相印的人之间是可以互相交流,互相促进的。因此,在"赵城姬心理教室"相识的人通过相互交流产生统合效应,其能量更大,能够更快地实现自己的目标。但是,如果不是这样的环境,就会产生阻力,因此,有必要好好保护幼苗。

尽管开始吧!

为了很好地传播我师从鲍勃·普朗克特学来的知识,8个月来我做了认真的准备。把英语内容用韩国语表达出来真的需要好好准备。虽然一周上一次课,但举什么例子,如何表达,需要用整整一周时间学习思考。就这样第一期心理教育课开课了。

在江南一家茶座,我向学员解释我的梦想和我要教的心理威力,有的人投来了怀疑的目光。当时,我也前途未卜,所以有些畏惧。我不求他们理解我,想让别人理解我的梦想和信念,只能说明我没有信心。最重要的是我如何看待我自己。

不管怎样,既然开始了,许多危险和负担都要由我来承担。通过8周教学,发现学员的观念和行动开始变了。其中一位是人气很旺的一所英语学校的校长金泰领。

金泰领校长结业后,也坚持听我的讲座,参加学术会等活动,并且时常向我汇报学习给他带来的变化，表达对8周教育的感激之情。看到学员们的生活发生了变化，我更有信心了。

招收第2期学员时又犯难了，如何向陌生人宣传呢？我参加某《秘密》一书研讨团体的聚会向他们宣传了我的课程，但是他们拒绝了我。于是我开始建网上咖啡屋，我一点经验也没有，但当时我能做的只能是这个了。

想得太多，行动就会迟缓。不管做什么事，迈出第一步最难。展现在我面前的每一件事都是新的，我忙于适应这种变化。每天感觉如坐针毡，心里很恐惧。如果我坐着光想，就会在担心中一步也迈不出去。咖啡厅会员达到20多名的时候，我打出广告招第2期学员，起初没抱多少希望，但没想到居然有10个人报了名。

在陌生人面前我说了些什么，我已经记不得了。当时我非常紧张，其他人也都十分拘谨。第2期和第3期的教学就是这样进行的。

学员通过学习了解了心理威力的重要性，还动员家属和朋友来学习。每当有困难的时候，我就问自己可以立刻做的事情是什么，并把它写在纸上，然后立即行动。当然那些行动并没有全部成功，但没有这样的行动就不会看到前进的方向，现在的心理教育第39期也不可能存在。

现在心理教育第39期已经结束了。报名参加下期学习的已经排了队。鲍勃·普朗克特的深化课程也接续下来，等待上课的人也很多。

朝着目标赶快行动起来。没有明天，马上把自己能做的事情写下来,这样才能看到下一步。重要的是马上开始。

许多人喜欢思考,但是仅凭思考是不可能魔术般出现房子或轿车的。即使是值10亿的好的创意,如果不连接行动就不会有任何效果。

对你光想的东西,世界不会回报你,它只回报与想法一致的行动。事实如此单纯而无疑,然而,很多人在该采取行动的那一刻也在订计划,一动不动。

采取行动后,你会明白如何做更好,更快,更有效率。之前看不清的问题,会看得清楚,而且会吸引来支援和鼓励自己的人。一旦行动了,一切好的都会向你涌来。

好吧,如果现在大家设定了明确的目标,那么就开始行动吧。你将在那里遇见真正的自己,进行探险,有所发现,并遇见在安全地带之外成长的你。

大胆行动起来的过程中,你被磨练得异常坚韧。越坚韧成熟,越会自爱自信。其中的成就感和喜悦,经历的人才知道。那时你就会情不自禁地说:"Amazing!"

喊出惊叹的"amazing",你做好准备了吗?

　　　　充满信心,行动起来,你干什么都行。
　　　　不管做什么,你在心里相信它,它就能成为现实。

——拿破仑·希尔

成功奇迹——赵城姬心理学校学员的真实故事

不做广告宣传的英语学校

| 金泰领,Leading Star 英语学校校长 |

不是去追学生,而是学生主动走近的学校,Leading Star

赵城姬老师在她撰写的书里表扬了我,下面我想介绍一下通过心灵导师教育我发生了哪些变化。

当时,我刚留学回来就参加了心灵导师教育。这个决定,一是因为不能拒绝赵城姬充满自信的炯炯有神的目光,二是从澳大利亚飞回韩国的途中,我对韩国生活产生了茫然不知所措的感觉,因此觉得参加心灵导师教育是解决我心中困惑的绝好机会。

通过8周的课程,我学到了人生的宝贵经验,尤其赵城姬老师寻梦的执着热情让我深受感动。她给我印象最深的话是,把梦想关在自己的心里或脑子里。我们常常在心里思考,但无意中用橡皮把这些想法全都擦掉了。

比如,通过媒体或书籍看到了成功人士的故事,我们就在心里想,我不能成为那个主人公,我没有信心那样做,我的情况不一样。会找出种种借口来放弃做人生的主角。如果这些化作积极的活力往外喷射的话,就会有难以想象的效果和影响力。但是很多人不知道这个道理把自己关在箱子里。原先我也认为自己不行，我的梦想是难以实现的。我听了赵城姬老师的心理课后，把被关起来的梦想一个一个拿出来把它们变成可以看得见的现实。而且学会了为了实现梦想需要什么，实践的方法是什么。在这个过程中，我感到生活充实，一天天笑容也多了起来。

几年前的我是难以想象的。总想，生活这么艰难，我能做什么呢？充满畏难情绪，不敢做自己人生的主人，甘愿做人生的仆人，虚度了不少时光。

当时爸爸的公司倒闭了，我们失去了一切，家也搬了。我在苦闷中思考，怎样才能活得精彩呢？于是决定到国外留学了。

当时我们家的经济状况是绝不能供我留学的。我没钱参加辅导班，只能刻苦自学英语，怀揣100万韩元就踏上了留学之路。我到国外边学习，边打工，虽然很累，但时刻提醒自己不要忘了自己的决心。今天读了赵老师在5点感恩训练节目里上传的一句话："危机是神赐的礼物。"我反省自己，写下了以下几句话：谁都能感受危机、痛苦和艰辛，如何克服它，战胜它，是50:50的比例，跟铜钱的两面一样。吃了十勺饭后说，"才剩这么一点"，或者说"还剩下这么多"这完全取决于自己的想法。

遇到困难的时候就喊一声：这个经历会丰富我的想象，会成为我的生活智慧，我要挺直腰杆。据说，上帝给我们的都是能够承担的痛苦。经历痛苦，对幸福的感受才会更深，更强。

有一天有人跟我说，数学学校校长想出售房子。参加心灵导师教育期间，我曾想象拥有属于自己的一家英语学校。当时，我在一所学校教书,是一个部门的负责人。当时我就想,假如我是校长……并把我的想法记在本子上,上课时跟赵老师一起切磋,使我的目标更加明确了。这就是心灵导师教育的魅力,把自己的目标说出来,这个过程是促使我们走向目标的动力。

我通过拍卖网用较低廉的价格买了这所房子,也用低廉的价格买下了里面的东西,这样终于迈出了第一步。我对教学计划、教材、课程安排等进行了周密的思考。我不想在广告宣传上投入太多的费用,想把钱用在提高教学质量和管理上。

于是,我到中小学门口等学生放学时发给学生宣传单和礼物,还到教会向学生家长进行宣传。这样没利用报纸和贴广告宣传就开业了,把节省下来的钱用在给学生发零食、买文具、发奖品等方面。为了让学生喜欢上课,我在备课上花了很大的工夫。我之所以能这样做,是因为事先做了充分的准备,具备了和孩子们交流的能力,并且无比热爱我的工作。

口碑的效果比广告好。建立一所不去追学生,而是让学生主动接近的学校,这是我实现心灵导师教育思想的一次实践。

我校的英语教学很受学生欢迎。其特点有如下几点:英语作为语言必须融进感情,我们学校每天都很热闹,让学生通过融入感情的有趣表演来训练语言。学生扮演文章里的主要角色,用英语进行说和写。这种实用英语学习法使学习英语生活化,克服了与英语的距离感,提高了学生学习英语的兴趣和自信心。

对每个学生的单独评分制度和表扬制度,有主题的现场学习氛围,学校内的俱乐部活动,与老师的对话时间,通过这些丰富多彩的方法实践英语学习兴趣100万倍提升活动。学生们说，在学校比在家有意思。学生自然相信老师，愿意跟随老师学习，家长也更关爱学校了。

是心灵导师教育给我的想象安上了翅膀。钱并不重要，我希望不要我去追钱，而是让钱跟着我。我相信，我的真诚会传达给众人，随之财富也会找上我来。

人们都有自己喜欢做的事情，就应该对此进行想象。越想象，越能思考，越能行动。开始行动就是心灵导师教育的主要内涵。心灵导师教育使我展开想象的翅膀在现实里飞翔，并把头脑里的图像展现在我眼前。

AMAZING LIFE
畏惧是我的朋友!

畏惧是我的朋友!

在美国学习结束离开鲍勃·普朗克特之前,我问他有什么话跟我说吗?他只说了一句"Live on the edge"。(你要在危险的边缘生活。)意思是不要过安逸的生活,要勇于挑战,敢于创新。

他预料到来自韩国的温顺女孩儿即将经受不安和困难。我曾待过的箱子里面真是很安全,但没有什么发展。要想挑战人生的新阶段,就应该离开安全地带去经受考验,这才是真正得以成长的途径。沉迷安逸,你就停止了成长。发现自己的潜能,并发展下去,就能从安全的箱子里跳出来,走上自我发展之路。

走出箱子后,就会发现你从未经历过的世界。要拥抱因此而产生的畏惧。要对安全地带外的畏惧感到高兴。畏惧使我们成长,使我们思考,它是可敬的朋友。

畏惧这个朋友来临时,要说"哦,快点来吧!来了呀!"并用力拥抱它。那么，你的安全地带就会开始渐渐扩展，随之机会也更多，财富也更多起来。

越是扩展空间，你也越能发掘出自己的潜力，看待人生的视角和感悟也会越来越新，并且能遇见你从没感受过的新的世界。畏惧来临时，要热烈欢迎，并去拥抱它吧。

"哦，你来了？快来吧！我的朋友！"

> 人生旅途，我们只走一次
>
> 要小心翼翼踮着脚尖走
>
> 可以不受多大伤害就能走到死亡
>
> 也会实现自己的目标和梦想
>
> 度过充实而完美的人生。
>
> ——鲍勃·普朗克特

"All is well."（一切都很好。）

我曾经看过一部印度电影《三傻大闹宝莱坞》(*3 Idiots*)，很受感动，反复看了几次。影片中有这样一个场面至今难忘。有一所人才济济的名牌大学只强调成绩和就业。学校来了一位名叫兰草的男老师，他教学方法独树一帜给学生和老师带来了极大的冲击。

他的朋友对未来充满恐惧和担忧，他劝朋友说："朋友，你真是杞人忧天。你把手放在胸前说一句'All is well'。我们村曾经有一位警卫夜间巡逻时常常喊'All is well'，听着他的喊声村民们睡得很香。有一次村里被盗了,这才知道这个警卫是夜盲症患者。他只是喊'All is well'而已,而村民们听到这句话却真的以为'平安无事'。所以一遇见困难,我就对自己说'All is well'"。

"你是说,那句话解决问题了吗?"朋友问道。

"不是,是得到了解决问题的勇气。"男老师回答。

当你犹豫不决的时候就会想"这不行""我不想干""不可能""我怎么行呢",这时就自言自语小声说:"不要让畏惧的声音操纵自己。"并把手放在胸口用主人的声音说:All is well.

对自己大声喊:

惧怕也要行动!

不方便也要行动!

再累也要行动!

我要通过这样的行动度过精彩的人生!

把手放在胸口说一句:

All is well.

过去的让它过去,总有一天会迎来含笑的日子。

AMAZING LIFE

为什么会有"选择综合征"

"你认为我应该做这些吗?"

这是人们拿不定主意时常说的话。过去,我也常被周围人的意见左右,在选择的岔路上拿不定主意时,会去问周围的人意见,他们就会说自己的看法。其实,他们对自己的人生也不是把握得很好,有人甚至当一天和尚撞一天钟。也就是说,别人给出的意见大部分不见得有什么参考价值。

许多人之所以会被他人的意见左右,是因为心目中没有明确的目标。你有明确的目标了,与目标相关的就去做,无关的就放弃。

我们周围有很多人拖拖拉拉,迟迟拿不定主意。苦苦想了好几个月,终究还是没有任何行动。这样的人不仅本人难过,也让身边的人疲倦。优柔寡断是梦想的杀手。

如果现在做不出决断，就问自己："我的目标是什么？明确不明确？"

拿不定主意的第二个理由是害怕别人批评。如果我辞职出来单干，他会怎么想呢？

因种种顾虑不能把精力集中在自己所愿的事情上。

有这样一个 18/40/60 的法则。

当你 18 岁时，会担心人们对你的评价。

当你 40 岁时，就不会顾忌别人如何评价你。

当你 60 岁时，就会明白你的事谁都不怎么在乎。

其实，谁都不会关心你的事。因为对每个人来说最重要的都是自己，怎么会持续去关注别人。按这个法则，到了 60 岁才知道别人对我并不关心，那么年轻时你浪费了多少能量呢？别人如何看待我，与我是没有关系的。真正重要的是我如何看待自己，你如何看待自己决定了你的人生。

拿不定主意的第三个理由是恐惧。如果确定"富有"是你的目标，那么就把它写出来，并大声喊："我很富有，我就要成为富翁。"然后，抽出时间进行生动的想象并使之视觉化。不过，光喊不行动，天上不会掉钱袋子的。不行动是不会有任何效果的。行动是架起内心创意与实际效果的桥梁。行动如此重要，但你明明知道行动的重要性，却不能行动的理由是什么呢？就是恐惧。

恐惧、怀疑、担心是最亲密的朋友。所以，你一感到恐惧，怀疑和担心就会一起来陪伴。要想成功，就应该远离这三个朋友。成功者与失败者的差异是什么？成功者即使害怕也行动，失败者因恐惧而不行动。

成功者即使害怕也行动
失败者因恐惧而不行动

假如你是后者，那么就要承担结果与目标背道而驰的风险。有价值的东西，大多不可能轻易得到。不冒险就不会有收获，这就是为什么成功的路上不拥挤。即使历尽艰险过后仍没有成功，也可以通过试行中的错误看到下一个阶段该如何努力。即使害怕，怀疑，担心，不安，不方便，不愿意，也需要行动起来。

成功者懂得失败是学习过程的重要一部分。考验和失误是实现目标的基石。美国有一位著名韩国女性 Jinsoo Terry 说：不幸是幸运来临的征兆，失败是使我的自传更有趣味的素材。不能避开，就喜欢吧！

恐惧不是消灭的对象，而是我们应该拥抱的朋友。

谁都会撞到恐惧之墙

拿破仑·希尔的《思考致富》(Think and Grow Rich)里讲了 50 分币少女的故事。这本书我读了很多遍,里面的人物和场面都了如指掌。每当有所畏惧的时候,我就会想起这个少女。人们读这本书的时候大都想这个孩子渴望得到 50 分币,但故事里面有我们必须记住的重要信息。

黑奴时代,黑人不如牛马。有个黑人雇农的女儿来到白人地主德菲的叔父面前说:"妈妈让我来要 50 分币。"德菲的叔父大声呵斥:"不行。快点回去。"对少女来说,白人地主本身就是可怕的存在。当他大喊的时候,这个少女该是多么害怕!

她乖乖地回答:"好的。"但一动也不动。德菲的叔父干了一会活儿后发现少女还站在原地,就喊道:"让你回家,干什么呢?不快点走,就打你。"第二次的威胁更可怕。一般的孩子听到第一次喊叫就会吓得逃走了，可是这个女孩乖乖地回答"好的"后，依然没有动弹。

德菲的叔父恼羞成怒把面袋子放下来拿起撑杆带着凶狠的表情走向少女。在这可怕的瞬间，撑杆即将落到少女身上的一刹那，少女迎着他迈进一步，抬头仰视他一字一句地说："妈妈需要50分币。"

德菲的叔父停下脚步仔细看着少女的脸，然后把撑杆放在地上，从兜里拿出50分币给了少女。拿到钱后，少女带着胜利的目光凝视着他慢慢地退向门口。德菲的叔父坐在箱子上望着窗外的天空。他在接近畏惧的气氛中想着刚才的事情。这个年幼的少女压倒了这个成年人。少女是如何做出这种壮举的呢？

我们朝着目标前进时常常会感到恐惧。这个少女的心里没有长久的目标。我们第一次说出自己的愿望后离开安全地带出发时，就会遇见第一个恐惧。这个恐惧过去后，紧接着第二个恐惧向你袭来。以为一切危险都过去了，但你又被逼到悬崖边，更大的危险出现在你面前……撞到"恐惧之墙"（Terror Barrier），这时人们往往选择返回以前的安全地带，并找出种种理由为自己辩解："这个情况使我不得不放弃。"

"都是因为那个人，我没有错。"

"是啊，我怎么能享受富贵荣华呢？别贪心了，过以前的日子吧。"

人们大多就此停住了。决定停止，就是失败。不是因为失败而停止，而是因为停止而失败。要是决定冲破"恐惧之墙"，那就不是失败。

  我们都会撞到"恐惧之墙"。在吓得一动不动时，要拥抱恐惧朝着自己的目标前进。冲破这个障碍就会见到胜利的曙光。冲破恐惧之墙的人，就会遇见自由的喜悦，胜利的欢笑，会对自己的无限潜能产生自信心和幸福感。这时恐惧就会给通过一切考验的你让路，认定你是可以摘得胜利果实的人。你不想品尝一下这种无与伦比的滋味吗？

心理安全地带 VS 新的目标

30多岁时,我的生活如愿以偿,可我决定走出安全地带拿出所有的现金从事心理教育。刚从美国回来时,不知道如何下手,感到负担沉重,责任重大,产生了畏难情绪。

有一天,我感到眼睛剧痛,眼睛周围长出了红疹,痛得睁不开。到医院检查确诊为带状疱疹,说我的免疫力极度下降,弄不好还会失明。什么?失明!在回家的路上,我想象自己失明的样子,突然感到绝望。

这个现象的原因是什么呢?我想起了鲍勃·普朗克特的教育内容。我们在安全地带生活得很舒服,但走出安全地带后就会感受到巨大的恐惧。把安全地带的生活比作 X 的话,新的大目标就是 Y。Y 最初只存在于我们的潜意识中,并不会对实际结果产生什么影响。但是当我们为了 Y 付诸行动,Y 就会进到意识里。然而,在你的意识里长期居住的是 X，新的 Y 进来了，X 就会极力把 Y 赶出去。于是 X 和 Y 发生了战争。在意识里发生的战争会使我们的感情陷进许多混乱和恐惧之中，我们身体的神经系统也会出现异常以致免疫力下降。

原来在不知不觉中我的意识里发生了大战，现在我站在"恐惧之墙"面前。这样认识了自己，再往前迈一步就会好起来的。我更加集中精力去做我的事情没把医生说的失明之类危险放在心里。我一心望着我的目标，晚上睡前和早晨一起床就自言自语"我很幸福。一切都会好起来"。过了 3 天后，针扎般的疼痛消失了。因为带状疱疹的面积较大，现在左眼边上留下一点疤痕，不过只有我才能看出来。

就这样我翻越了第一道"恐惧之墙"。这是 Y 在我的意识里落下根的第一步。之后，Y 就会逐渐变成 X，这个过程习惯化了，翻越"恐惧之墙"就会比上一次容易，并能把恐惧变成自己的珍贵朋友。

阿尔卑斯山山顶路口有一块石碑，上面写有"Never, Never Give Up"（千万不要放弃）。曾经有一个登山者在雾蒙蒙的阿尔卑斯山山顶苦苦寻找避难所，最终放弃倒下了。人们发现他的尸体就在离避难所仅仅 10 米远的地方。这块石碑就立在这个地方。

轻易放弃的其实是机会。有些人不知道自己距梦想一步之遥，却不坚持，放弃了。

我建立"赵城姬心理学校"已经 6 年了，期间翻越了无数道"恐惧之墙"。能够大胆闯难关，是因为我心里充满了爱。我热爱我的梦想，热爱与我相遇的人。

有人问我干吗自找苦吃呀？他们认为我太理想化了，缺乏智谋。我就是为梦想和事业奋不顾身的人。我通过实践认识到心理威力的价值，并十分关爱通过学习成为人生主人公的人。今后，我也会凭着这份爱去融化"恐惧之墙"。

"恐惧之墙"让它成为不再为难我、能让我见到自由的桥梁。用火热的爱去融化它，那时我就成了自由的我，更加成熟的自豪的我。

> You are not defeated when you lose.
> You are defeated when you quit.
> 输掉时你并没有失败，
> 放弃时你才真的失败了。
>
> ——保罗·科埃略（Paulo Coelho）

走向信念状态的 3 个阶段

这是在健身房锻炼身体时发生的事情。

在跑步机上跑步的时候,我一般都设定 10 分钟机器自动停止,每次都觉得 10 分钟很快就过去了。有一种健身机器需要人躺在里边。第一次躺进机器里时,觉得怎么等也不停止。老是想,快结束了,快结束了吧?渐渐开始害怕起来,觉得时间过得很慢,以为有 30 分钟了,我惶恐不安,心想我的皮肤会不会受伤?身体能不能烫伤?我忍不住急忙打开门摁了停止按钮,就在这时机器按计时自动停了下来。

我穿好衣服出来问工作人员,他说到了 18 分钟机器就会自动停止。只是比跑步机多了 8 分钟,可在这 8 分钟时间里我满心狐疑和恐惧。通过这件事,我认识到是否知道结局,其心理感受是不一样的。可见,无知与了解的差异是很大的。因此,不懂得心理学盲目开始的话，一旦情况发生变化，就会陷入恐惧和不安之中。

在心里已经明确了的就是信念。一切成功人士都能正确了解信念的状态。信念的状态创造现实。据说，成功者无论在多么恶劣的情况下，都能坚持自己的目标，并充满自信，从不动摇。他们带着坚定的信念，克服各种困难和逆境。

走向信念需经3个阶段。起初，始于期待。我们确立明确的目标，怀着期待的心情，并对此持续进行思考，那么就会给那个种子能量使之逐渐成长。这样在某一瞬间就移动到信任阶段，看到相关的机会，并相信它能够实现。

然后，信念便坚定了。如此反复思考，不论它是真是假，都会成为那个人的信念。那个人也会变成他心灵深处所希望的自己。

在这种状态下，心里已经知道目标可以实现，就不会想"怎样做才好呢"，就像孩子一样无条件相信自己的目标一定能实现。

富人知道自己是当然的富人。事业不顺利，销售额持续下降的状态下，他们也确信情况会好转。但这并不等于盲目乐观、不努力。他们的信念反过来会给他们带来财富。

有一家暖气坏了，需要交200美元的修理费。主人问："哪里出故障了？"修理工说："有一个螺丝出了问题。"主人说："就这么一个螺丝就要200美元，是不是太贵了？"修理工说："螺丝的钱只占总费用的5%，剩余的95%是寻找故障的费用。"

你的潜意识就像这个修理工在肉体的所有器官找出有故障的地方，然后，确定修理方法和手段。不过，报酬是必要的。你不必向熟练工仔细说明故障，也不必说修理方法。只要相信最后结果就足够了。重要的是心态要好。

如果主人指手画脚，唠唠叨叨，修理工就会觉得很厌烦。潜意识也同样，担心琐碎的事情或手段就会不能活动自如。不管什么问题，预知圆满的结果很重要。这就是需要完全交给潜意识的原因。要想象现在你的心愿实现了，让心安静下来。

我在心里确立坚定的信念经历了很长时间。开始的期待阶段很愉快，后来不断地翻越"恐惧之墙"，锻炼得越来越坚强。在这个过程中逐渐确立了坚定的信念。

6年过去了，现在我的梦想，我的信念已在潜意识里稳稳地站住了脚。今后需要天天工作，天天快乐，怀着真诚的感恩之情集中精力做好自己的工作。

> 相信你能看见、能触摸的事物，
> 全然不能当作相信
> 相信看不见的事物
> 才是胜利和祝福。
>
> ——亚伯拉罕·林肯（Abraham Lincoln）

AMAZING LIFE

疯狂地热恋过吗?

忍耐,一听到这个词,我就觉得浑身无力。为什么要忍耐呢?觉得忍耐就是牺牲自己。所以,我想把忍耐改称爱。

回顾一下热恋时的情景吧。当我们坠入爱河的时候,心里总是想着恋人,即使吃不好睡不好也觉得浑身是力量,世界很美好。据说,同样的颜色在热恋者的眼里显得更鲜明,他们甘愿为恋人冒险,甚至献身。

目标也同样是这样。用热恋的心情把精力集中在心愿上,即使有再大的困难也不会害怕。因此,确定自己所热恋的目标是至关重要的。

爱自己的事业达到疯狂的程度,这是成功者的共同特点。传奇的小提琴演奏家 Isaac Stern 有一次演出结束后遇见一位中年妇女,她激动地喊道:"要是能像你一样演奏,我甘愿献出生命。"演奏家大声说道："夫人，我就是这样做的。"

记得，金妍儿有这样一个故事。

训练总有极限。肌肉就要崩裂的瞬间，喘不过气来的刹那，想坐下来休息的时刻……每当这时，心里都传来这样的自言自语："练到这个程度就行了""下次再练吧"。于是，突然产生停止训练的想法。但是，一想到现在放弃，就等于没有训练。烧水时温度达到99度，如果还差1度时断电，水就永远不会沸腾。烧水需要烧到最后1度，训练需要忍耐最后1分钟。这样才会打开下一个门，走向自己希望的地方。

人们有时因太累，想降低自己的希望值，也想回避走近自己的机会。平时很努力，但坚持不到最后1度的极限，其结果就会截然不同。光是希望发生奇迹，而不付出努力的人，就不会产生奇迹。奇迹不是神赐予的，而是凭着自己的意志和努力换来的。

某一瞬间，我突然感到自己的竞争对手就是自己。想吃美食，想多睡一会儿，想和朋友一起消磨自由时光，想无拘无束地玩，希望有一天不训练，这些惰性就是我的敌手。

我需要克服和战胜的对象不是别人，而是存在于我心里的无数的"我"。

——摘自金妍儿7分钟电视节目

感觉肌肉要崩裂的瞬间，喘不过气来的刹那，想坐下来休息的时刻，金妍儿克制自己，坚持到了最后！她为了自己的梦想放弃一切享乐,在与自己的斗争中每天都战胜自己取得了胜利。可见,她是多么热爱自己所做的事情。突破自己极限的每一天累积起来成就了今天的金妍儿。

我的每一天都是单调而重复的。睡醒了吃饭,训练;再睡觉,吃饭,训练,像修行者一样。不论哪个领域达到顶峰的人,他们的生活都是重复着既有规律的单调的每一天。

我没有竞争,只是燃烧着每一天,而且不是燃烧一点儿,而是燃烧到连灰烬都不剩下。如此反复单调而激烈的每一天,造就了今天的我。

——摘自芭蕾舞演员姜秀贞的《我不等待明天》

姜秀贞的著名照片"脚",就是燃烧自己的一切才能完成伟大杰作的证明。有人说,胜者和败者的区别是微不足道的,其实来自日常的小事上。如何度过每一天,每天是否多做一点,是否在思考,是否朝着自己的目标行动……

看起来,每一天没有多少差别,但积累起来就会造成很大的差距。99度和100度的最后1度之差,是能否燃到不留一点灰烬的差异,这些努力都是做自己喜欢的事情时才有可能的。

99%是失败,100%才能达到目的。

人生的胜利属于100%献身的人。也就是说,属于不论遇到什么困难,都采取"一定"态度的人。成功者为了自己的梦想固守毫无例外的规则。他们不会跟自己妥协"今天就到此吧""就一天没关系吧",既然决定了,就应该坚持到底。

如果他们的行动是阅读一个小时,每天打 3 次销售电话,学习汉语,做仰卧起坐 100 遍,慢跑 10 公里等,不论做什么,他们都付出了 100% 的精力。

不狂不及——不狂就达不到目的。狂热的爱会使你 100% 献身,甘愿走到实现自己的梦想为止。曾经疯狂过的人知道,当你为自己喜欢的事情疯狂的时候,即使吃不好,睡不好,身体疲倦不堪,但精神却异常兴奋。

你为某事献出过自己 100% 的精力吗?为此流过汗,有过热血沸腾的感受吗?想成功,就要喜欢,不喜欢绝对走不到尽头。

请问一问自己,你是否爱仅有一次的人生?是否为了自己过着火热的生活?如果回答"是",那么就怀着梦想挑战吧。在其过程中,你将深切地感受到充实而有趣的人生。

> 以为到达了尽头,达到这个程度就行,
> 那么,那个人的艺术人生就会在此终结。
>
> ——姜秀贞

> 一天不练我会知道
> 两天不练我的经理会知道
> 三天不练听众会知道。
>
> ——安德烈·普列文 Andre Previn(钢琴演奏家,指挥,作曲家)

我们来到这块土地上有特别的理由

I am the master of my fate; I am the captain of my soul.

我是命运的主人，是我灵魂的船长。

——威廉·欧内斯特·亨里（William Ernest Henley）

这是我最喜欢的一句话。自从我宣布做我人生的主人，我的生活开始变了。我把自己当作自己灵魂的船长开始，我的生活丰饶了。

过去极其消极的我，把一切痛苦都归结到家庭环境和贫困，埋怨"受苦的为什么是我？上帝为什么给了我这么多痛苦，为什么"，心里空虚得很。

后来把心理学应用到生活之中并宣告我要改变我的人生开始，我所希望的生活就展现在我面前。好单位，名车，社会福利，海外旅行，我迎来了生机勃勃的人生。然而，心里却越来越空虚。觉得公司的工作太累，怀疑这是不是我喜欢的工作。我开始问自己："为什么？这种空虚是什么？"

不断问自己后我明白了，我是把自己装进成功的框架里了。过去太穷，太累，太辛苦，觉得让别人羡慕自己就是成功，因而我迫切需要成功。我心目中的成功者形象是在好单位上班，在重要的职位，开好车，住豪宅。其实，这不是我自己的人生，而是模仿别人。我虽然获得了一切，但放弃了最重要的自我，我想找回自我。过了30岁，第一次问自己："我想做什么样的人？我什么时候最幸福？我死后在墓碑上写什么？对我来说，最重要的价值是什么？"就这样，第一次开始审视我本来的面目、我的内心和自我形象。

人们的价值观是不一样的。有的人追求金钱，有的人追求爱情，有的人注重家庭，有的人注重健康、自由、宗教等等。因此，即使有钱，但没有实现我的最大价值，我就不会感到幸福。我的最大价值是什么？我反复思考，质问，与自己进行对话。

我真正希望做什么样的人？

我的最大价值是什么？

我为什么愿意做这件事？

读大学时当家教，当时觉得教书很有意思。我教书时感到最幸福吗？回答是肯定的。于是，我考取了国际英语教师（Teaching English to Speakers of Other Languages 简称TESOL）资格证。

TESOL课程主要研究面向外国人的英语教学方法，培养国际英语教师。为了考取资格证,我读了许多语言学书籍。一开始5个月比较吃力,但TESOL毕业成绩是A+,获得了美国乔治敦大学和韩国成均馆大学的TESOL资格证。

有一个星期日早晨,我坐在床上思考韩国为什么没有鲍勃·普朗克特的课程呢?把他的理念教给韩国人会怎么样呢?这一瞬间,我的心剧烈地跳了起来。这与我从前感觉到的有些不一样。

我喜欢把鲍勃·普朗克特的书送给朋友,喜欢把书上划线的句子读给父母。每当讲心理学知识时,我都兴致勃勃,神采飞扬。但是我从没想以此为职业。产生这种想法是在2008年8月的某一天。那天,我找出鲍勃·普朗克特的邮箱地址写了一封长长的信。一周后收到了回信,第二天打电话进行了交流,了解到要想教鲍勃·普朗克特的课程必须从他那儿获得资格证书。感觉心里响起了鼓声,这是全身的细胞敲响的鼓声。好像我全身的细胞都站了起来,我跟自己说"对,就是这个"。

然而,现实中还存在很多障碍。首先要筹集资金。3个月的课程需要两千万韩元。我想学习一年的深化训练课程Mentorship,其他训练课程也想学。总共需要8千万韩元。此外加上我回韩国租用办公地点就超过一亿韩元了。

为了新的目标,我要放弃的事情太多了。

1. 放弃原来的安逸生活。

2. 筹集资金。

3. 去美国之前,需要考试通过7个月所学的内容。

4. 需要去美国参加强化训练（Intensive Training）。

5. 需要准备英语演示稿，在国际专家面前展示。

6. 我作为学习这个课程的第一个韩国人，回国后需要用韩语翻译所有材料。

7. 需要向韩国人传授这些知识。

8. 回国后，就要白手起家。

9. 我没有这方面的工作经验，推广能力也比较差。

10. 我害怕在大家面前讲话。

需要放弃至今累积的经历和拥有的一切。除了这些现实状况以外，更让我拿不定主意的是我对新的领域不熟悉。30多岁了，挑战陌生领域可以吗？不愿意在众人面前讲话、具有演说恐惧症的我，可以从事这个职业吗？

能否放弃至今享受的安全地带生活走出去呢？我站在选择的岔路口，我的心既激动，又恐惧。就此把心收回来，还是挑战呢？当我徘徊不定时，想起了金·克拉的话：

You don't have to be great to start,

But you have to start to be great.

开始不必出色

但为了出色而开始

——金·克拉（Zig Ziglar）

是的，无论谁都不是一开始就做得好。有了开始的初期阶段，才有中间阶段，有了中间阶段，才会有后边的精彩。

我忧虑了两周。心想一切都会好，决定听从心灵之声。对我来说，这是一生中最艰辛、最危险的阶段，但不大胆地去做，就难免后悔。凭借金·克拉的精神，我成为获得鲍勃·普朗克特的成功人生咨询（Life Success Consult）资格证的第一个韩国人，成了他的工作伙伴，至今也是唯一的韩国人。如果没有那个决断，就不会有今天的我。取得资格证回国后，我一直考虑如何把所学知识传授给韩国人，而且常常熬夜进行翻译。有的英语单词难以用一个韩语单词来表达。比如 awareness，在韩语里可以译成"意识""自觉"或者"认识"，需要根据上下文语境进行相应的翻译。为了翻译一个单词，有时甚至翻阅十多本书。在美国学习时，有位日本女子问我："在韩国做这件事一定很艰苦，你觉得你可以吗？你搞过翻译吗？我觉得用日语解释更难。"

我再次感受着贫穷的恐惧。有一天想交办公室的租金，看了一下存折，里面只有500韩元。周围的人不理解我为什么自找苦吃。在他们眼里，我只是个梦想家而已。他们歪着脑袋说："在韩国，一个年轻女子做这件事，谁能认可呢？这个领域不容易，不好挣钱啊。你需要现实点儿。"这些话，起初给了我不少打击，我感到不安和害怕。然而，要是不为梦想行动，20年后我会后悔的。只有一次的人生不想留下什么遗憾，至少在离开这个世界时不让我后悔："啊，那个时候做那件事，会怎么样呢？"

20年后，你不是因自己做过的事，而是因没有做过的事而后悔。所以，要扬帆起航离开安全的港口。在你的风帆上带着风出发，去探险，去梦想，去发现。

——马克·吐温（Mark Twain）

现在，我每天都过着激情燃烧的生活，充满了自信，可以说幸福得几乎要发狂。我找到了自己渴望的工作，找到了人生的真谛，找到了我的使命。走在这条旅途上，我感到十分惬意，满怀着感恩之情。现在写作的这一瞬间，想到通过这本书我将与许多读者相见就觉得无比幸福。

"赵城姬心理学校"提供多层次多阶段的心理学课程。有设定目标并取得成功的课程 Goal Achiever，培养自信心的课程 Winner's Image，创造财富的课程 Success Puzzle，销售能力课程 Mission in Comission 等。

其中第一阶段的心灵导师（Master Mind）课到2014年3月为止已经举办了39期讲座。小型的心灵课达到80期以上。学员从10岁到70岁，他们通过学习有了自信都成为自己人生的船长。我没有做广告宣传，只开设了网上咖啡屋。但通过口传人们源源不断地来我校学习。

30出头时，我的生活很舒适。如果我继续在纽约当服装设计师，那么日子过得也一定很好。要是没有做出走出安全地带的决定和行动，就不会有今天的我，不会感受到每一天的充实生活，不会遇见我内心的无限可能性。

心理威力能把一切变为可能。它把不可能变为可能，把穷人变成世界首富，使确诊为不能走路的人重新站起来，让癌症末期患者奇迹般地延长生命，让口吃的人成为著名的演说家。心理威力无所不能。我希望所有的人都能把心理威力活用到生活之中。希望韩国的全体国民至少都能听一次第一阶段的课程。为了普及，第一阶段的学费定得很低。

鲍勃·普朗克特的课程学费为1000万韩元以上。他给企业授课达到3亿韩元以上。国内其他学校的学费一般是100万韩元。每当第一阶段的课程结束后，学员就对我说："赵老师，学费是不是太低了？我们在这里收获的可达2亿韩元以上，而你只收20万韩元，这样行吗？"

有的人还说："等实现了我的目标，我就资助你走向亚洲。"是的，我在提供最高水平的教育，传播最高的价值。对有的学生来说，20万韩元学费也不少，他们写信问我："赵老师，我很想听心灵导师课,现在没有钱先交5万韩元,两周后拿到打工工资后再交15万韩元,行吗?我感到很不好意思,但忍不住想听课的心情,于是冒昧地给您写信。"

我可以自豪地说,我们学校发给大家最好的学习材料。有的人通过这个教育获得了相当于20万、200亿甚至2兆韩元以上的收获。

我一定努力让韩国国民以最低廉的价格学习这门课。这样大韩民国百姓就会分为两类:接受心灵导师教育和没有接受心灵导师教育的人。一想到这些,我的创意就爆发了。今年要把其中一个创意落实到行动之中。啊,我太高兴了。

AMAZING LIFE

人生重要的不是速度，而是方向

建立赵城姬心理学校两年后的一段时间里我极其疲惫。我想继续奔跑，但浑身无力。潮涨潮落，忽上忽下，一个人不可能持续处于精力饱满的状态。这时需要休息，休息是给自己的很好的礼物。当时，我正学习一种瑜伽技法，通过阅读偶然了解到印度的心理意念中心。于是我去了印度，要从新德里坐车坐12个小时到达阿姆利则。

到达印度的那天恰逢是星期日，火车和客车都满员。我不想耽搁时间，于是通过旅行社租用了一辆带司机的车。我和同行的姐姐坐在没有空调的小车里忍受着45℃的酷热。我们在途中看到美景就下车观看。要是坐火车或客车就不会游览这些地方了。

经过12个小时到达目的地时已经过了半夜12点。这个山沟只有一家很破旧的所谓的旅店。筋疲力尽的我们住进了这家小店。

里面的恐怖情景至今难忘。一走进走廊，就看见老鼠穿来穿去。我尖叫着跑进客房，但又恨不得立刻跑出来。这是我平生见过的最恐怖的客房。天气酷热没有空调不说，还有蜥蜴爬来爬去，卫生间的马桶也堵了。我们小心翼翼躺在担心会爬出蛆虫的被子上，穿着长袖上衣和长腿裤子还戴着帽子直挺挺仰天躺着极力想睡几个小时，很担心只要把脸侧过去就会沾上蛆虫。

次日早晨起来走出房间一看，四周一片荒野，孤零零就这么一家旅店。夜间看到灯光闪闪就以为是旅店，白天一看牌子上写有"JAMB A MOTEL"。但牌子坏了，只剩 TEL 几个字母。现在一想起那天的事，我们就忍不住哈哈大笑。那里的恐怖情景令我再也不想去那里了。

那天早晨我们找到的心理意念中心比想象的还大。里面有一个大医院，在此印度人全部免费治疗。里面很大如同气氛祥和的村庄。所有人的脸上都一副安详的表情。心理意念中心负责人是一位十分有灵性的男子。我们到达的第二天是由他演讲。为了听他的演讲，来自印度全国各地的人们从前一天晚上开始就在这里等待。

他演讲的那天，中心里面人山人海。据说那天聚集了 100 万人，其中东洋人只有我们俩。所以我们走动时人们好奇地瞅着或者跟在我们身后。由于我们是外国人，被安排在最前面。会场鸦雀无声，连孩子们也不哭了。我坐在印度人中间听演讲，过去的往事像走马灯一样在脑子闪过去。

过去被扭曲的童年，蹲在黑暗里哭泣的自己，为了脱离贫困而拼命学习和打工的往事，幸福的瞬间，办学度过的所有时间，今后的自己的形象，都像电影一样浮现在眼前。不禁眼圈一红流下了热泪。这是一次祥和而神奇的感受。

想起了歌德的话："你想做什么，首先你要成为那个人。"儿时经历的痛苦时光是为了成为今天的我而必经的过程，因而我要感谢往日的痛苦经历。是的，一切都有理由。在痛苦和泪水中经历成长之痛，才能百炼成钢。

我要尽快实现梦想，才能让参加学习的人相信我提供的学习材料。坐在那里我想要放慢自己的人生脚步。方向已经确定，只要心怀希望真诚而持续地走下去，时机到了，相应的状况就会自然出现。"人生重要的不是速度，而是方向。"这一观念渗透到我的细胞里，我的心安静下来感到十分舒畅，一切都明朗起来。

我们在人生旅途中会遇到意想不到的艰难困苦。有时会艰难地站在悬崖边上因没有依靠而摔下去。每当艰难的时候，我在心里重温《圣经》里的话：

我的路，只有他知道
我被他锻炼以后就会变成纯金

——约伯记 23∶10

野马一跃而成名马，然而这"一跃"背后是漫长而艰辛的训练。训练的过程不可能没有痛苦。视痛苦为成长的必然过程，还是只当作痛苦来看待，这全在于你的选择。有了梦想和信念，什么困难都能克服。要把"我错了,不行"改成"我会好起来,我有信心"。

一切都会过去。悲哀,痛苦,悲剧终究会过去。机会往往在子夜向你走来。在黑洞里想找机会的人就会找到光,在黑洞的痛苦里徘徊的人就难以走出黑洞。

成功奇迹——赵城姬心理学校学员的真实故事

体验信念和感恩的惊人力量

| 金允京，未来革新创业财团 CEO |

去年中秋节休息期间，我想好好陪陪家人。女儿看我在家悠闲地看书高兴得手舞足蹈。突然觉得继续这样下去就好了，于是跟女儿说："妈妈在家休息，很高兴吧？妈妈辞掉工作在家陪你怎么样？"女儿满脸好奇地说："妈妈的梦想是什么呢？要是愿意在家当做饭的妈妈就辞职好了，要是从小有愿意做的事情就要继续工作。妈妈，您的梦想是什么呢？"

"什么，梦想？啊，我的梦想是什么来的？"突然的提问让我觉得脑子里一片空白，脸上发烧，说不出话来。是啊，原来我没有梦想。我的梦想是什么呢？突然感到我虚度了人生，一阵空虚感涌上心头。

后来的日子里，我没有忘记那天的失落感，忧心忡忡地过到了年末。今年初，为了寻找梦想我报名参加了6周的PBW（Personal Branding Workshop）课程学习。通过学习，我找到了一生的梦想，那就是在我国建立成功的风险创业组织。我凭着心跳的梦想设定了"未来革新创业财团"的名称，下一步就是寻找实现梦想的方法了。

我在职场所担任的职务是"数据革新理事长"，我的梦想跟现在的业务是有关联的。因此，我一边在公司上班，一边准备实现我的梦想。我决心每天早晨5点起床。有几次5点起床，但周末起来硬挺2个小时后又回到床上睡觉。就在这时，我加入了赵城姬老师的网上咖啡屋。过去读过朗达·拜恩的《秘密》，很受启发，但不知道具体方法。2013年6月1日，对我来说是十分重要的日子。这一天，我第一次见到赵城姬老师，碰巧那天又是"5点起床感恩节目"开启的日子。自从参加学习以来，我对钱的观念变了。原来我鄙视整天说"钱钱钱"的人，但现在我懂得钱可以使社会丰饶，所以喜欢上钱了。同时，我从茫然的不安感中得到了解放。也就是说，我拥有了能够享受丰饶人生的成功者的心理。我买了一个名牌钱包，并开始把追求的具体钱数记在心上。结果仿佛那些钱已经进到我的手里。在我身上开始出现成功的富人所具有的想法和行动了。

有了梦想后，渴望养成5点起床的习惯，于是加入了5点起床网上咖啡屋活动。每天早晨读赵城姬老师介绍的成功者的故事，然后上传自己的宣言和一日的决心。

我习惯每天凌晨1点才睡觉，所以5点难以睁开眼睛。上传回话的时间被视为起床时间，所以一起床我就急忙打开电脑开始写宣言。通过阅读赵城姬老师充满爱心的文章，我的事业渐渐明朗了，心里渴望实现梦想，每天都以积极的心态愉快地迎接新的一天。

每天早晨，我都在清醒的状态下写出2~3个月之间要达到的目标和属于我的魔法宣言以及今天要做的重要事情。结果每一天的每个瞬间都按5点所想象的进行，心态坦然自若，不慌不忙。也就是说，早晨具体想象今天的重要事情会成功进行，神奇的是居然都能按我的所愿进行。

例如，6月1日需要9点参加一个重要会议。我出发得很早，但弄错高速公路的出口驶向完全相反的方向迟到了20分钟。但是，早晨已经想好了参加会议所要达到的明确目标和成功的结果，所以并没有受到什么影响，而且我的发言在会上起到很好的引领作用。

除了早晨以外，每当记录前一天的事情时我都要写一句"谢谢"，以此来强化我的感恩之情。每天晚上睡觉前再一次回顾一天里的感恩之事怀着愉快的心情入睡。第二天早晨醒来心里就会涌出感恩的文字。

起初，难以写出三件感恩的事情，后来却能写出500多字，感恩之情如同瀑布倾泻而出，以致一整天好事接连不断。即使挤不上公交车，我也不生气，心想利用等下一趟公交车的时间可以看看书。事情忙时就想这是锻炼自己的机会可以学到更多的东西。以前看到孩子们不写作业只顾着玩就很生气，现在却想孩子们能够健康成长就心满意足了。如此感受每一件小事带来的幸福感，这样养成习惯之后自然就形成了幸福感的良性循环。

7月初，亚洲公司的经理要来访问我公司。碰巧6月末我还要出差去上海。我需要准备两个发言稿，而且从上海回来后，还要在与我的梦想相关联的"创业导师专家聚会"上发言。事情很多，但我不慌张，具体想象自己发言时的形象，陶醉于成功的喜悦之中。

华莱士·D·沃特尔斯（Wallace D.Wattles）在《财富的秘密》这本书里告诉我们"对想象中的事情也懂得感恩于神的人，是一个真诚的人，他定能成为富翁"。可见强烈的信念和感恩之情是多么重要。

下面是我在7月29日星期日早晨5点上传的内容："感谢给予我的一切，感激给予我的一切机会，感谢使我以积极的态度投入一切的瞬间。我懂得了人生是一个观念的差异，于是我的人生发生了巨大变化。十分感谢让我懂得了这么重要的道理。"

每天早晨，我一边照镜子，一边想每一天的生活都是实现我梦想的过程，为此感到无比幸福和自豪。再次感谢赵城姬老师和咖啡厅全体会员给予我的热情支持和鼓励。

用心理威力冲破我的极限

| 李贤灿，42岁，个体业主 |

我想讲一讲利用心理威力完成长跑调节体重的故事。

1990年读高三时，我曾跑过1.5公里，这是我的最高纪录。23年后，我担心要是身体不好，今后还能做什么呢？过去跑1.5公里时，心脏几乎要崩裂的感受至今难忘。可是40多岁了，我为什么要挑战马拉松呢？这个举动缘于遇见赵城姬老师的那一刻。

我参加心灵导师教育期间，2013年3月赵老师参加了42.195公里的马拉松比赛。她仅仅训练了一个半月就参加了比赛，真让我惊叹不已。马拉松？别说马拉松，仅仅跑1.5公里就是我的全部。赵老师经常讲奔跑时感到的快乐、幸福和成就感，这让我怦然心动，产生了"我想跑"的欲望。于是我到健身中心在跑步机上进行6.1公里跑步训练。训练的时候想象自己跑完6公里时的样子感受着达到目标的喜悦。

6.1公里，我平生第一次跑这么远。从3月开始我就进行10.25公里长跑训练。现在进行马拉松一半路程（half course）的长跑训练。我本来不喜欢跑步和登山运动，也不喜欢持续奔跑的足球运动。如今我能坚持长跑，其主要原因是懂得正确利用心理威力。

有一次，我向赵老师保证4月我要把我的10公里记录从1个小时20分提到1小时10分。过了半个月的4月17日，我的记录是1小时19分8秒，仅仅缩短了1分钟。另外有几天是因为脚踝受伤没有训练。但我勇敢地宣言到4月30日将无条件达到1小时10分。

4月27日，奇迹发生了。居然跑了1小时9分37秒。长跑训练期间，脚踝受伤休息了两个月。所以实际训练时间7个月多一点。起初奔跑时，喘不过气来，感觉我的衣服要撕裂了，觉得身体很笨重。后来体重从85公斤减到73公斤，身体敏捷多了。

奔跑时，我不断地鼓励自己。累了，就用力挥挥手，用力踩踏地面，并大喊"我很坚强"。还像电影《肖申克的救赎》里的主人公随时伸开胳膊跑，这是表示我不想受到世界的制约，我要制约世界的姿态。这样奔跑中就会涌出"我什么都可以做"的自信心。

奔跑时，用力挥手或者高举两只胳膊会使身体感到很累。但是做出这个动作的心理成为冲破困难之墙的原动力。刚开始训练时感觉心脏都要爆炸了，心想"我是不是疯了？我为什么参加长跑呢？"现在却不一样了，奔跑的时候感觉很愉快。

日期	奔跑距离	记录	体重
1990年	1.5公里		
2013年3月31日	6公里		83 kg
2013年4月3日	10公里	1:20:00	
2013年4月27日	10公里	1:09:37	
脚伤休息			85 kg

2013年6月16日	10公里	1:08:17	
脚伤休息			
2013年9月15日	马拉松一半路程	2:22:11	
2013年9月19日	10公里	0:58:48	76 kg
2013年10月20日	10公里	0:55:53	
2013年12月14日	马拉松一半路程	2:17:11	73 kg

去年12月，我平生第二次跑了马拉松一半路程。跑到12公里时觉得膝盖沉重。到了18公里时，两个膝盖之上产生痉挛。我开始犹豫起来，瞬间闪过去很多想法：停下来歇一歇再跑，慢走一会儿，或者更用力奔跑。但很快想"绝对不能放弃，不要去想它"，并用赵老师教的方法大喊"通过墙壁的方法就是冲过去"。于是用力挥手，用力踩踏地面，渐渐疼痛减少了，终于跑到目的地。

2014年，我挑战了马拉松全程。只有一个信念"挑战困难，冲过墙去"！10年前，我业余搞过直销工作。当时，每天听有关梦想、引发动机、成功体系等方面的讲座，可是当时三天打鱼，两天晒网。这到底是什么原因呢？

10年后，参加心灵导师教育后才得到答案。从此我成了真正思考的人。以前是盲目生活，现在有自己的想法。我的内心充满了奔驰车发动机般的自信，变得越来越明朗快乐，越来越积极。

现在我做的事情是过去连想都不敢想的。非常感谢给予我思考和奔跑能量的赵城姬老师。希望大家也迎着凉爽的风，利用心理操纵力进行奔跑运动。心理操纵力会让一切变成可能。

AMAZING LIFE
走向我自己的精彩人生

对我来说，成功是什么？

真正的成功是什么？

To laugh often and much;

经常开心地笑出声来

to win the respect of intelligent people

受到智者尊敬

and the affection of children;

让孩子们的喜欢

to earn the appreciation of honest critics

得到正直批评家的称赞

and endure the betrayal of false friends;

忍耐虚伪朋友的背叛

to appreciate beauty; to find the best in others

懂得辨别美丑

to leave the world a bit better;

或者发现别人的优点

Whether by a healthy child,

或者生下健康的孩子

a garden parch

或者侍弄庭院

or a redeemed social condition

或者改变社会环境

to know even one life has breathed easier

让世界比自己出生前

because you have lived.

变得更加美好

This is to have succeeded.

这就是真正的成功。

——拉尔夫·瓦尔多·爱默生（Ralph Waldo Emerson）

世上没有不想成功的人。那么什么叫成功呢？30岁那年，拉尔夫·瓦尔多·爱默生的成功学说给了我极大的震动。以前读这段话只在脑子里觉得好，随着时间的流逝我对这段话的理解越来越深刻了。

饱受贫困折磨的儿时，成功对我来说就是像别人一样体面地生活。开好车，住好房子，拥有金钱、权力和名誉……是以别人的评价为标准，为别人而活的。因此，神经越来越敏感，压力越来越大，难以控制自己的感情。

做自己最喜欢的工作，健康快乐，经济上有结余，与家人朋友和睦相处，这就是成功。

许多人问："那是可能的吗？"

你认为可能，才会出现可能的状况。你觉得不可能成功，那么成功绝对不会向你走来，因为你在思想上拒绝了这种想法。以为有钱人是不幸的，这种偏见阻止你发财。世上有很多既有钱，又幸福的人。他们甘愿把财富捐献给社会，过着健全而成熟的人生。我们应该以这种成功为榜样，而且经常想我也能过上这样的生活。

过去我也有很多偏见。从小目睹了因贫困而为钱争斗的情景，所以对钱持有否定观念，认为挣钱很难，以为有钱人很累，甚至不幸。这种想法深入到我的潜意识里。

在美国学习时，遇见了很多来自美国和欧洲的成功人士。感觉他们的身后仿佛跟着耀眼的光，他们从事自己最喜欢的工作，谈起工作时目光如炬。他们显得充实而幸福的形象给了我极大的震动。

对我来说，什么是成功？

我希望成为什么样的人？

我的最大人生价值是什么？

我为什么想做这件事？

认真地质问自己，并不断寻找答案的人就会越来越了解自己，越来越清楚自己的方向。以前,我以为成功是有终点的,达到自己渴望的目标后欢呼"我终于成功了",然后,就可以画上休止符了。拼搏后得来的成就感和满足感,战胜困难的喜悦,这才叫成功。

然而,随着时间的推移我的成功概念开始一点点变化。朝着属于自己的明确目标全力以赴的每一天,这个过程太快乐,太幸福了。那么仅凭这个过程是否也可以说是成功了呢?如果不能享受其一系列过程和每一瞬间的愉悦,那么不论成果大小,还能说有价值吗?

有明确的目标是所有成功者的共同特点,而且他们有不间断的目标意识。目标达到后,他们继续确立另一个目标,如此反复下去。他们与普通人的差异在于不间断的目标意识。他们不说"这样就行了",而是通过不断确立目标使自己成长起来。他们寻找属于自己的人生目标,懂得自己为什么来到世间,善于思考,用极大的热情去追求目标。他们是真正朝着梦想前行的人。

梦想有真假

虚假的梦是有人实现的梦

看着自己羡慕的人

自己也想成为他那样的人

可是做不到他的样子

也不怎么喜欢这样做

只是想成为他那样的人而已。

那个人实现的梦想

现在得到很多人的关心

于是我也想追逐他

这是茫然的欲望

更确切地说

这是世界注入给我的欲望

误以为我也会幸福，这就是幻想

有的梦醒来后才能找到真正的梦

如同某人一样

跟某人一起被埋没

找不到自己的样式和规模

这是虚妄的梦，是梦幻

这样的梦即使实现了

也没有自己的特点

只成为我的梦中人而已

即使实现了梦想也不幸福

只是为了成为他那样的人

和他进行比较

就会成为

如同电影《阿马迪厄斯》里

模仿莫扎特的不幸的萨列里

我想忠告这样的人

觉醒后才能重新做梦

第二个是真正的梦

不做就不想睡觉

不做就不能入睡

感觉浑身不舒服

只要做这件事时

我的身体才得到热情报答

才会有强烈的满足感和幸福感

无论什么条件

只要妨碍我的梦

对我没有多少帮助的

所有一切

就大可不必分心

不做这件事就寝食不安

不做这件事就生活无趣

甚至觉得还不如死去

这样的梦无与伦比

只要一想这件事

就感觉世界如同天国

这样的梦破碎了

感觉我的人生也会破碎

因而不能打碎这个梦

让梦一直快乐地做下去

而且一定实现它

这才是真正的梦

这样的梦头脑不知道

只有身体才知道

在辗转反侧中身体感觉到的梦

身体感觉不到的就不是梦

不是由头脑计算的梦

身体无缘无故感觉的梦

虽说不清楚

但身体本能地接受的梦

做这样的梦并去实现的过程

就是幸福的人生

——俞永万

这首诗是我所尊敬的俞永万先生写的。我放弃一切白手起家办学实现了自己的梦想。我第一次听到了我的心声。心跳加快，兴奋得难以入睡。我找到了我的梦，所以我奋不顾身，背水一战。这是我真正的梦，所以摔倒了，爬起来，掉下悬崖，拼命爬出来，拍拍身上的尘土，昂首挺胸，继续向前挺进。

6年之后的今天，每一瞬间我都充满了感恩之情。如果我不做这个工作，就不会遇见神奇的学员和许多善良的人们，在他们中间我感到了无私的关爱、快乐和幸福。

仅有一次的神奇的人生！在朝着梦想行进的时候，我们才能感受到人生的美丽。每一瞬间都感受充实的这一过程本身就是成功，就是精彩。

> 我在心里真正向往的梦
> 这是无可比拟的事情
> 一想到她，世界就像天国
> 把梦一直快乐地做下去
> 那个梦就能实现

这样的梦难道不值得去寻找吗？寻找这样的梦，难道不是人生最重要的事情吗？请问自己，然后认真地想一想。

对我来说，什么是成功？

我希望成为什么样的人？

我的最大人生价值是什么？

我为什么想做这件事？

树立明确而有价值的目标

请你想象一下,流星雨在你眼前坠落的情景。这一刹那,你想许愿什么呢?据说,这时许愿的人一定能实现自己的愿望。连这一刹那都能许愿,可见你的愿望多么强烈。拿破仑·希尔为了研究成功学,在材料的收集和分类上花费了20多年。他对1万6千多人进行调查分析的过程中发现了一个有趣的事实:其中95%是失败者,成功者只有5%。

他发现这两类人群有三大差别。第一,占95%的失败者都没有明确的目标。占5%的成功者不仅有明确的目标,还有达到目标的行动计划。第二,失败者从事自己不喜欢的工作,而成功者都从事自己喜欢的工作。

有一份报告反映了追踪调查1960年~1980年MBA毕业生的状况。毕业生一开始就分成两类群体。属于A的人想先挣钱,然后做自己喜欢的事情；属于 B 的人认为做自己喜欢的事情，钱自然会跟过来。1500 名被调查者中属于 A 的占 83%，共 1245 人；属于 B 的占 17%，共 255 人。

20 年后，他们当中 101 人成为百万富翁，其中属于 A 的只有一人，其他 100 人都属于 B。这个数据来自马克·阿比恩（Mark Albion）撰写的《随心所欲才能快乐富有》(Making a Life, Making a Living)。这个结果说明，先选择自己喜欢的事情，并为了梦想而不断努力，钱自然会跟在身后。

第三个差别是占 5% 的成功者都有储蓄的习惯，相反，占 95% 的失败者都没有这个习惯。对这个现象我思考了一段时间，觉得储蓄的习惯说明一个人的自我约束力。

缺乏约束力的人有乱花钱的习惯，甚至一天内花掉比自己月薪还多的钱，然后借钱或用透支卡堵窟窿，最终借高利贷使自己陷入恶性循环之中。

20 多岁时，我第一次到美国，趁偶然的机会访问了一位韩国女人的家。她好像得了焦虑症，一郁闷就用信用卡购物。打开她的衣橱一看，里面居然有十个还没打开包装的香奈儿提包。我感到很震惊，也很为她担心，并决心绝对不能像她这样生活。

要想成功，就要养成储蓄的习惯。储蓄是成功所必备的阶段。即使挣的钱不多，也要坚持存钱，至少要存收入的 10%。存多少不重要，重要的是养成存钱的习惯。这个习惯能培养你的约束力。

有两条船就要扬帆起航，一条船目的地明确，船长在地图上做出了明确的标记，并向船员们做了解释。然后，船长和船员们团结一心朝着目的地出发了。途中无论发生什么情况他们都能到达目的地。而另一条船的船长没有确定目标,船员也不知道去哪儿。这条船在海上盲目漂流,最终会南辕北辙,或者触礁沉船。

人生也如同航行,如果不明白自己想做什么,那么你的人生也会稀里糊涂。单纯地想,我想有很多钱,我想住进更好的房子,我想找个好工作。这太模糊不清了,想要多少钱,想住什么样的房子,想做什么事,要具体些,明确些。目标不能仅仅局限于自己的需要,要真心向往才行。

其实目标不必很有逻辑。它处于非逻辑状态时反而让人更有激情。鲍勃·普朗克特常说:"目标在较高处,它让我既心潮澎湃,又让我恐惧。"两者兼而有之的目标,能不让你怦然心动吗?

假如世间一切都很清楚,这个世界还会有什么意思,还能让你产生欲望吗?假如世间一切都按预定的轨迹运转并能预测的话,我们就没有必要怀着意志或希望每天努力。一切都被预定,生活就会没有希望,没有趣味。因为不确定,我们才需要设计人生。

When you are set goal, it should scare

And excite you at the same time.

目标在高处

它让我既心潮澎湃,又让我恐惧。

——鲍勃·普朗克特

确立目标是人生大事,不要问别人,要问自己。要寻找自己最喜欢、心里真正所愿的事情。寻找目标当然不可能太快,但只要持续寻找下去就一定能找到。

你真心希望的是什么?不要停留在想想而已,要把目标写在卡片上随身携带,每当手摸到卡片的时候就想象一下自己的形象,想一想实现目标后自己和周围的人高兴的样子。

我们会依据今天的选择开始度过自己想象中的人生。随着观念的转移,我们的人生会转向其他方向,到达别的地方。现在开始不要再让过去的结果、外部环境或其他人决定自己的未来,也不要为自己进行辩解。

亨利·戴维·梭罗(Henry David Thoreau)说:"无论是谁,只要确信自己的梦想,并为了自己想象的生活而不断努力的话,他自然就会取得成功。"

你自己设定的梦想,即使现在不能马上看到结果,但只要信心十足,在心里一刻也不放弃,那么某一瞬间你就会发现自然而然已取得成功的自己。

活用无限的潜意识力量

1977年的某一天,佛罗里达州一位63岁的夫人看到孙子的胳膊被压在汽车轮胎下,她使出浑身的力气竟然把车尾抬了起来。之前,她从没抬过超过23公斤的东西。Charlie Garfield博士读了这篇报道后去采访她,可她小心翼翼地说:"我出乎预料做出了这样的事情,别人会不会说我以前的生活是在浪费人生?"博士对她说,你的人生还没有结束,现在你什么都可以做。并让她想一想过去没有做的事情有哪些。她受到鼓励,于是决定上大学学地质学。毕业后,她留在大学教书,实现了自己的梦想。

有些人以为自己什么也做不了,于是浪费了很多年。我也同样,很长时间内认为自己什么也做不了,自暴自弃,喝酒哀叹,虚度时光。我们周围有很多人不知道自己有巨大的潜能,不想挑战,得过且过混日子。

潜意识如同万能机器，什么事情都能做出来。运转这台万能机器的人就是我们的意识。只要我们了解我们的潜意识并活用它就可以左右我们的命运。启动这台机器本身就是一件了不起的事情。

让万能机器沉睡生锈，还是让它闪闪发光，这完全取决于你的选择。现在读这本书的每一位读者都潜藏着巨大的力量。唤醒这个巨人的不是你的父母，你的配偶，你的孩子，只能是你自己。世上除了你，没有谁更了解你。

你了解了潜意识的威力，你的生活就会更有生机，更丰富，更健康，更幸福。潜意识犹如肥沃的土地，但不播种锄草，就会杂草丛生。你在那里播下积极的种子，潜意识就会按照你的愿望去耕耘。

我的意识是船长。船长明确地输入"我希望这样做"，那么巨大的潜意识就会无条件地实现它。因此，播下什么种子是至关重要的。

如果总是想"我想晋升，但我没有那个能力"，潜意识就会把它当真接受下来。反过来想"我一定能晋升"，潜意识就会当成命令并努力实现你的愿望。如果你说"我干什么都是这个样子""我不会好"等消极的话，潜意识就会把它全部吸收进来。因此，永远把积极的语言植入潜意识里。潜意识听一次你的话后，就一定会实现它。在重复积极语言期间，你就会发生变化。

就是这样，船长说什么，潜意识就接受什么。潜意识没有分辨对错和选择的能力。潜意识不知道什么是善，什么是恶。假设你欠债多，你将设定什么目标呢？大部分人会把焦点放在"还清欠款"上。那么，我们的意识会判断它是好信息。我反复喊"还清欠款"，潜意识没有识别、选择能力，潜意识只接受欠款一词，随之出现的便是欠款越来越多，甚至堆积如山。

我们应该输入怎样的信息呢？要输入"我是富翁""我很富足""我在享受经济上的自由"，尤其要刺激你的感情信息，那么潜意识就会照搬过来，你就能引出经济富足的正面震动状态。

每天早晚高喊自己希望的状态并进行生动的想象，那么睡前醒后你都会心情愉快。潜意识在我们睡觉的时候也不休息，它为了实现你的愿望一直在行动。

拿破仑·希尔说："带着确信行动，那么你什么都行。因为不论什么，你在心里想着并相信它，它就能实现。"《圣经》里说："带着信任祈祷，你就会拥有你的所求。"所谓信任，就是把一种想法真正吸进心里，并沉浸在其中的一种状态。感觉你的愿望和潜意识融为一体的时候，潜意识就会把你的愿望拿到你的面前来。

我们有 24 小时不停运转的、什么愿望都能实现的万能机器。熟悉这个机器的使用方法，就能做自己人生的真正主人。起初，使用这个方法不熟练，不顺利，但是习惯了，就能把潜意识运用自如，反复使用这种方法并习惯了，你就会和你所盼望的人生相遇。这个过程不需刻意努力，要以平和的心情享受它。让我们享受每一个瞬间，你们是为此而出生的尊贵的存在。

高喊:"我很幸福!"

读初高中的时候,我周围同学家的房子都比我家大。他们参加课外辅导,和家人一起到海外旅行,真让我羡慕。每当从同学家回来心情就更郁闷了。我把自己和他们进行比较,难免产生妒忌心,而这种妒忌促使我刻苦学习,初中时学习成绩在班里一直名列前茅。

现在回顾起来,小时候的贫困生活锤炼了我,我从小不依赖父母,自立自强,不做温室里的花草,而做不怕风吹雨打的顽强野草。

俗语说"堂弟买地,心生妒忌"。如果产生妒忌之心,那个人就绝对不能富裕起来。在妒忌堂弟期间,田地不会走近你,反而属于你的田地也会流失。你对田地发散负面情绪,那么田地绝对不会走近你。这跟我喜欢的人喜欢我是一样的道理,我喜欢钱,钱才会喜欢我。

支配穷人的感情大体上是妒忌。穷人同情心强,穷人之间愿意互相帮助,但不愿意跟生活比自己好的人在一起。而富人一般对别人的好事心怀真心祝福。

当有人挣了很多钱的时候,你就为了那个人,为了自己高兴吧,真心向他表示祝贺吧。你向他发散祝福的时候,祝福和幸运就会向你走来,也可以高喊:"祝福他。希望幸运也向我走来。"

想法影响感情。心情好,说明想的是好事;心情不好,说明选择了坏想法。

对坏想法无动于衷,它也会进入你的潜意识,而好想法不靠暗示是不容易进入潜意识里的。人们大多生活在负面情绪之中,因此常常不知不觉卷进负面情绪之中。

不幸、愤怒、挫折、嫉妒等负面感情阻碍我们前行,是阻碍我们幸福的最大敌人。不消除负面感情我们所做的一切努力就会被毁灭,而且快乐也会被剥夺。负面感情对你的生活不仅没有一点帮助,反而起到破坏的作用。我们想健康地生活就要努力消除负面感情。这样,才能从负面感情所导致的悲哀和痛苦中解脱出来。你想取得成功,首先要做的事情就是消除负面感情。

堂弟买了田地,你心生妒忌的时候,就想:"啊!祝福堂弟和他的田地!我也一起受到祝福!"

这样心情就会好起来。让正面感情充满你的心,不给负面感情留一点缝隙。这不能仅凭一次训练,要反复训练养成习惯,这样你就可以操纵你的潜意识乃至你的人生。

日本首富齐腾一人仅仅中学毕业，读书时学习成绩也不好。自1993年至2005年的12年间，他排名日本企业高额纳税者第10位。2003年累计纳税额排名第一。土地买卖或股票等高额缴税当中，他的纳税额全部是企业所得，因此备受关注。他说："使用美的语言就会幸福，使用粗鲁的语言就会不幸。"这就是说，世界的构造很简单，言语变了，行动就变，所以平时说话要慎重选择。他在《1%富人的法则》里指出：

想通过成功引领幸福生活就要抓住机会。没有机会的状态下再想成功也是白日做梦。那么怎样才能创造机会呢？那就是常说"我很幸福"，这句话里包含引进机会的力量。创造机会比什么都重要。

如果机会来了，应该怎么做呢？当然是牢牢地把握机会。

要经常说"没有做不了的事情""不做就不能成功"。此外还有一句重要的话："我很富足。"说出这句话来，不知不觉中你就会拥有富足的心情，过了一段时间，就会涌现出"丰富的智慧"。"丰富的智慧"，换句话说就是巨大的机会，相当于说能接近机会的我很幸福。通过"我很富足"得到丰富的智慧后，就利用"没有不能做的事情""不做就不能成功"来抓住机会。

——摘自《1%富人的法则》

现在要是负面感情蠢蠢欲动的话，就应该改变想法做自己观念的主人。"他都买了房子，我为什么没有房子"想说这句话的时候，就用以下的句子替代它：

"我很幸福。"

"没有不能做的事情，不做就不能成功。"

"我很富足。"

"我有了漂亮的房子，太感谢这个世界了。"

请按照齐藤一人的话去做吧，让情况按你的意愿转化，放弃被动的想法成为改变状况的高手。一开始就假装心愿已经实现了，并怀着感恩之心，那么情况就会如愿转向。预先感恩，就会超越信任达到确信处在最高的震动状态。处在这个波长里，就会涌现过去从未想到的创意，体验从未有过的机会和状况，并把它们吸引到你周围。如此处在信任和感恩状态之中，对失败和困难的疑虑和恐惧就难以趁机捣乱，可以为实现你的目标创造更好的条件。

超越辩解！

仔细观察一下周围的人就会发现有的人喜欢辩解，有的人喜欢默默行动。不能实现诺言的人一般喜欢辩解。此种情况反复出现，人们就不会相信他的话，心想吹什么呀，反正你的话兑现不了。辩解的人通常说：

"要不是工资少得可怜……"

"我要是再有点能力……"

"要是有一点积蓄的话……"

"要是没有欠款……"

"要是情况变得不这么糟糕……"

说这些，就说明你已经想到了自己的不足。既然想到了自己的不足，那么你的感情当然集中在不足的状态，处在负面震动之中。你的话，无意中使你变得更加贫穷。

爱辩解的人大体都是一样的。这个也不行，那个也不行，他们的眼里只有不行的理由。请你静静地坐下来写出你不行的理由，然后仔细想一想有没有根据。情况和你一样的人有没有成功的？如果有人成功了，就说明你也有能力成功，只是找借口没有做而已，这是你选择的结果。

如果我以"我们家穷，我没有条件出国留学，所以英语不好"为借口进行合理化的辩解的话，我的英语就不可能学好。20多岁时，我在往十里受到极大的打击，在回家的路上感觉自己走在黑洞里。那天我认识到没有谁能代替我去过我的人生。

"如果我们家钱多了一点……"

"如果父母更好一点……"

"如果多受到点关爱……"

做这些辩解是不能改变结果的，而且会使我一辈子处在被动状态。我深切地认识到，今后成为什么样的人，这是我的责任。我决心对自己100%地负起责任来，从此一切情况都开始变了。

如果出现想辩解的想法，就对自己大喊："我对我的人生100%负责，我是我人生的主人！"

停止辩解，承担一切责任并非易事。你也许会想："我不能选择父母，难道这是我的责任吗？"对现实如何反应是你的选择，这完全是你的责任。你在生活里经历的所有结果，不管它是成功还是失败，富有还是贫困，健康还是有病，顺利还是挫折，都是你对现实反应的结果。

如果真想成功的话，就不要把责任推给别人，也不要发牢骚，要对自己负起责任来。把责任推给别人,就是把主动权交给对方。要认识到今天的你是自己造成的,你的人生由你自己控制。那么自信心也增强了,情绪也会好起来。不负责任的人持负面感情,喜欢指责别人,而且缺乏自信心。

喜欢辩解就不能成为自己人生的主人。很多人为了使自己的失败理所当然,找出很多理由来辩解,这是很不好的。想成为你人生的主人吗?那么,就停止辩解吧,然后宣言:"我对我的人生百分之百负责!我是我人生的主人!"

> The only thing worse than an excuse is a "good" excuse.
> 比辩解更坏的是"好"的辩解。

AMAZING LIFE
放松是必需的

你遇见这种情况没有，不如自己的人事事比自己强，而且看他总是很快乐，很沉着，充满自信，人们尊敬他，愿意围着他转。他做什么都轻而易举，难道有什么特殊之处吗？原因在于，他把注意力放在内心，并不断地进行自我控制训练。人们大多为了实现愿望把注意力放在外部，只有极少数人才不断地进行自我控制训练。

我在美国学习期间遇见的成功人士和在书里认识的成功人士都为了听见自己内心的声音进行冥想训练。通过冥想，我们会听见心里的声音，会看到更多的机会，可以通过直观和许多方法进行疏通。

那么，冥想是怎么进行的呢？有一个简单的方法，就是把身心放松下来。冥想最重要的是采取舒适的姿态有意识地让浑身的肌肉休息，把意念集中在身体的各个部位从头到脚完全放松。闭上眼睛注意呼吸，用嘴慢慢地吸气，然后呼气。如此反复两三遍后，闭上嘴用鼻子吸气和呼气。还要回忆愉快的往事，具体想象细节。那么，就可以看见自己在度假胜地望着大海时心平气和的形象，也可以看见走在山林里呼吸草木土壤气息的自己。还要集中精神回想一些细节：潺潺的流水声，软软的沙子，温暖的太阳，暖风吹拂，树枝在风中跳舞。这些细节想得越多，心情也越舒畅。

在这样舒服的状态下想想自己的形象。想想自己的愿望已经实现了，住在宽敞明亮的房子里心里十分高兴。这种训练能把精神意象与身体感觉结合起来，并起到把形象刻进潜意识的作用。这种训练给我们的神经系统以实际经验，给中脑和中枢神经以新的记忆，或储藏数据。意象完全支配你的时候，你就会成为那个样子。

这种训练进行多了，就会成为现实。起初，比起集中精神更重要的是训练本身。养成习惯了就会越来越容易。从5分钟到30分钟，重要的是每天有规律地进行训练。每天利用早晨、中午、晚上，一天三次抽出时间进行冥想，你就会发现自己的行动变了，不禁为此惊喜万分。

先倒空，才能填满

"并非内心满了才能发出声来。乐器的内心是空的，它才发出声来。"

有一位智人正在拉大提琴，他告诉我，人们并不知道大提琴内里是空的。

"请把内心倒空，那么你就会听见内心的呐喊。"

——摘自《理解父亲内心的人绝不会放弃》

乐器的内里是空的，才能发出声来。人也同样，把心里无用的东西倒出来，才有空间装进新的东西。

过去，我不愿意扔掉用过的笔、照片、衣服等，喜欢把它们堆在一起。我把过去爸爸带给我的伤害也一件件都放在心里并反复咀嚼着沉浸在负面感情里。吃得太饱，新的食物就不能进去。

假如我们的身体什么也不排泄该有多么难受？扔掉陈旧的、无用的东西腾出空间才能装满新的东西。

鲍勃·普朗克特特别强调为了接受新的事物就应该扔掉旧东西。杯里水满了，就不能再倒进水去。家里的家具也一样，现有的沙发上不能叠放新沙发，衣橱里挂满了衣服，就不能把新衣服挂进去。

人际关系也是一样的。不把爱过的人放下，谁也不能代替那个人。我学了放空的法则后，每年都整理衣服，把不想穿的衣服装进纸盒箱子捐给慈善团体。怀着祈祷的心情捐出去后，我的衣橱里就会填满新的衣服。反复进行倒空训练的过程中，我的心情也轻松多了。

这个法则也可以用在我们的心理。例如，怀着去西边的想法突然转向东边，当然会产生矛盾冲突。但也不能分身同时走向两个方向，必须任选其一。

想给自己的人生装满新事物，就要找出空间来吐故纳新。不把你的愿望装进空间，就会被不需要的东西填满。所以，不把原有的坏习惯除掉填进新的好习惯，坏习惯就会把空间填满。比如，戒了烟，就要用好习惯来代替它，如果用吃零食代替以前的抽烟习惯就会导致肥胖。懂得首先倒空的原则后，一切都会变得轻松，人生显得更新鲜，更有生机，速度也更快了。

请遵循倒空的法则吧。送走过去，才会有新的空间，装进新的东西。除掉陈旧的、不需要的东西腾出新的空间用你所希望的新东西填满吧。那么不仅身心会轻松愉悦，你的愿望也会像磁铁一样被吸过来。

  一扇门关了,另一扇门就会为你打开。但是我们在太多的时间里望着被关的门哀叹,而并不知道我们面前另一扇门已经被打开。

——海伦·凯勒(Helen Keller)

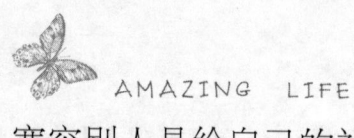

AMAZING LIFE

宽容别人是给自己的礼物

心灵倒空的方法之一就是宽容。不能忘记过去伤害你的人，你就会囚禁在过去不能前行。为了从儿时的悲痛解脱出来，我必须原谅爸爸。我读了约瑟夫·墨菲（Joseph Murphy）博士的著作，为了原谅爸爸做过很多努力，但这对我来说实在太难。

去印度回来以后，我对爸爸的怨气消了不少。于是想跟爸爸表白我的感情。有一天，我跟爸爸一边喝酒，一边小心翼翼谈了起来。

"爸爸，我小时候很苦，曾经恨过爸爸。不过，从爸爸的立场来看，您肯定也有很多难言之隐才借酒浇愁的吧？那时，我真的很苦，我和妈妈受到很大的伤害。第二天您却若无其事，我想您心里还是有负罪感的。我知道现在您对妈妈挺好的。表面看起来我们平静安详，但我的创伤太重了流着脓和血。如果我没有经历儿时的苦难，就没有今天的我。有爸爸才有我，才有今天的我。你是我爸爸，我要感谢你。"

爸爸在我面前不停地流泪。在他的泪水里我感受到了他的爱。看见爸爸眼泪的瞬间，因巨大的痛苦而不能愈合的伤疤终于开始愈合了，我冰冷的心开始融化。

为了说出这些话，我苦苦想了几周。说起这件事实在是太难了。多少次话到嘴边，却不敢开口。但终于说出来了，我觉得很轻松，心里充满了对父母和自己的爱。

宽容是真正的倒空，同时填满的都是爱。

"宽容不是给对方的免罪符，也不是把对方的行为正当化，而是为了我自己能够放弃过去向前迈进。"宽容一词，在希腊语里是放弃的意思。愤怒让你停留在过去，这对自己没有一点好处。诸位放下怨恨吧，原谅吧，为了自己……

奥普拉·温弗瑞（Oprah Winfrey，美国著名女脱口秀主持人）说："宽容是送给自己的最大礼物。"每个人都有深藏的痛苦。大约两年前，我最信任的人连续两次背叛了我，我用一年多时间还清了债。受到的打击太大了，我反复咀嚼愤怒，难以集中精力做事，连原谅对方的想法都让我生气。

"我为什么原谅撕裂我的心、让我流泪流血的人呢？为什么？"

每当一想到这些，愤怒和悲哀的重担使我寸步难行。然而，越是这样，憎恨和创伤就越来越大，我的身体也越来越疲惫。

佛说，愤怒是极度生气的人为了投向对方从火堆里拽出的煤球。拿起煤球时首先烫伤的是自己的手。如果不原谅，负面感情就会阻碍我们的梦。如果心里充满了憎恶、愤怒和痛苦，那么其毒就会渗进我们身体的方方面面，会夺走我们的生机，会关上我们的心门，会阻止我们丰饶的人生。其实，当你愤怒的时候给我们带来伤害的人并不觉得痛苦，受伤的是我们自己。为了解放你内心的梦，为了自己每天祈求宽容吧。

宽容会给我们带来自由，可以把我们从疲惫的痛苦、恐惧、愤怒、憎恨的感情中解救出来。如果一辈子心怀仇恨，那就等于背上了沉重的包袱。任何人都不能背着沉重的包袱自由前行。

当然宽容并非易事。然而，做到了，我们的人生就会发生奇迹。宽容始于选择真爱，只要我们真正做到宽容，我们的心就会干干净净倒空，填满的将是爱，我们的伤痛就会被治愈。

如果遇见说话伤人者，你就为他祈祷和祝福吧，其结果是为自己祝福。怀恨别人，就等于怀恨自己。可以说，我较快地原谅了带给我痛苦的人。原谅他们的时候，我感到我的心得到了解放和自由。因此，想起那些曾经让我痛苦的人，我反而感谢他们。因为那些经历使我锻炼得无比坚强，觉得这是值得感谢的幸事。

宽容一词英语里叫"forgive"，for 表示为了，give 表示给予。宽容是给予爱，是积极表现自己的爱。没有宽容，就没有能力倒空交织着愤怒的过去，也不能培植我们的梦想。愤怒会弄脏我们的意图，使我们的能量枯竭。通过宽容，我们清洁自己，心里装满爱的能量。我在美国见过 Mary Morrissey。她曾与圣雄甘地（Mohandas Karamchand Gandhi）的孙子 Arun Gandhi 一起在联合国发表过演讲。她说,可以把人生想象为播放人生经历的幻灯片。每当播放幻灯片的时候,我就想,可以原谅吗?如果回答"是",那么我们就在学习和接受那个特殊的生活经验。我们可以不原谅带给我们伤害的可怕的行为,但可以原谅其人,把那段经验当作已经过去的一部分,现在绝对不要让它妨害自己的人生了。

这样,我们达到解放了的状态时,那个幻灯片就从放映机里退出来,可以装进新的幻灯片了。我们再次问"我能原谅这些吗",如果回答"不,不行",幻灯片就会循环播放。依据各种情况和我们的状态,每次看它的角度也许不一样,但直到和那些事件和解之前我们会原地不动,无法前进。

一天的生活开始的时候,有必要练习几分钟原谅。下面介绍一下约瑟夫·墨菲(Joseph Murphy)博士的方法。

首先,放松心情,不要紧张。然后静静地想着那个人,说:"我欣然原谅曾经带给我创伤的那个人。我对过去的所有事情完全原谅。我原谅至今让我生气的所有的人,所有的事情。希望所有的人都能得到健康幸福和恩惠。要是想起让我不愉快的人,就说我原谅了你,一切恩惠都属于你。这样你得到了自由,我也得到了自由。"

还可以说"希望你平安幸福",起初会觉得没有效果,但过了几天,就会很少想起那个人,那个人就会渐渐在你心里消失。原谅一切,没有憎恨之心时,真正的心灵和平与快乐就会来临,生活开始充满生机。

一些佛教信徒为了给自己和世界展现慈悲，用12周时间一天3次进行冥想。下面具体介绍一下。

我希望幸福。我希望从痛苦中解脱出来得到自由。我希望从紧张、恐惧、担忧得到自由。我希望能治愈伤痛。我希望和平。如同祝福我一样，也希望你幸福。希望你的紧张和内心的痛苦离你而去。希望你的快乐越来越多。希望你从痛苦得到自由。希望我们都幸福。希望每个人都走向光明。希望我们赦免妨害。希望我们赦免痛苦成为完整的存在。希望我们大家从痛苦得到幸福。希望所有的一切都幸福。希望所有人的心灵都干干净净。希望打开他们的心扉。希望他们从痛苦得到自由。希望所有的一切都从痛苦得到自由。希望他们爱他们自己。希望他们走近幸福。希望他们露出真正的笑容。希望世间一切都开怀大笑。

下一步就是你的选择了。永远被绑在铁锚上，还是拔锚轻装前进。请用宽容之心来选择爱吧。宽容是为了自己。内心充满了爱，你们就会走近你所希望的人生。简单明了地说，宽容产生奇迹，会使你得到自由，实现梦想。

要跟积极上进的人在一起

会好的我，会好的你

要和这样的人相处
不是耽于妄想而是
怀有梦想的人
有远大的目标想做大事的人
接近他会影响我们的人
能够帮助我们发挥潜能的人

你周围的人可以改变你的人生。亨利·福特（Henry Ford）原来很穷，没读多少书，也不懂人情世故，可在25年后成了大富豪。他是怎么做的呢？不屈不挠的坚定意志、吃苦耐劳等多种要素以外,最重要的是他跟著名的发明家爱迪生成了朋友。周围的优秀朋友对你的想法、习惯、特长等都会有影响。你周围也会有持负面感情的人,他们爱发牢骚,喜欢说别人的坏话,对你的梦想泼冷水阻碍你前进。

有这样的人就停止与他们交往,要与积极上进、信任你、鼓励你、真心祝福你、有奋斗目标的人在一起。心灵富足的人接近成功者,心灵贫瘠的人愿意接近失败者。为什么呢?跟富人在一起他们会感到不安和不自在。

你主要跟什么样的人交往呢?重要的是你的认识,应该慎重选择。

> 你是常在一起的五个人的平均值。
>
> ——吉米·罗恩(Jim Rohn)

拿破仑·希尔曾经问过当时的世界首富、钢铁大王卡耐基,他成功的第一要素是什么?卡耐基说是心灵导师团体。我们谁都想成功,过上富裕的生活。在成功的过程中,还有一点重要的是分享。与他人分享是使自己幸福起来的技术。不管做什么事,单枪匹马是困难的,尤其在这个信息爆炸的现代社会更是如此。

你一个人难以左右这个世界,因而需要他人协助。世间有很多比你强的高手,这些人聚在心灵导师这个团体。他们定期见面,分享好书,交流经验,互相启发,互相鼓励,互帮互学一起成长。所以成功者大都有这样的组织。

你经常交往的人会影响你的想法，想法改变你的行动，行动改变你的习惯，习惯改变你的命运。希望你也组织心灵导师团体，会员可以是同僚和朋友，可以一个月一次，或者两周一次定期聚会，持续下去将对你的事业有很大帮助。

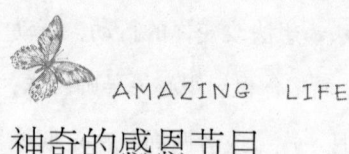

AMAZING LIFE
神奇的感恩节目

小时候满心负面感情的我总是皱着眉头,眼里见到的都是问题。我的注意力集中在我缺少的东西上,越是这样,越是不满意。

假如给我三天光明

第一天我去看看莎莉文老师

看看她的脸

然后登山看看美丽的花草树木

看看灿烂的晚霞

第二天黎明起身

看看远方的日出

晚上看看天上闪烁的星星

第三天早起到大街上

看看上班的人充满活力的笑脸

白天去看看有趣的电影

晚上看看霓虹灯下橱窗里的陈列品

晚上回到家里

最后做祈祷

感谢上帝给了我三天光明

——海伦·凯勒《假如给我三天光明》

  读海伦·凯勒的文章时,我感到十分惭愧。比起生活在黑暗里的海伦·凯勒,我是多么幸福啊。我习以为常没感觉的事物,她却那么渴望看见它们。我只想自己缺少的东西,从没想过我拥有什么。首先,我四肢健全,这是多么庆幸的事情啊,生活自由自在,一想到这些,我就应该心满意足,感激不尽。

  懂得感恩之后,我渐渐发生了变化。所处的情况是一样的,但我的观念变了,随之情况也开始变了。我的方法很简单,每天在笔记本上写3件感恩的事。起初,难以找出3件事,足足想30分钟才能写出来。后来感恩之事太多了,需要花时间选择。再后来更大的变化是我嘴里常说的辩解开始少了,感恩之事越来越多了。

  为了让大家都能感受到心理威力,我在网上开设了有趣的感恩节目。我在网页上每天上传3件感恩之事，让会员们也参与进来。会员们对感恩节目的反应非常好。大家每天交流自己的感恩之情，爱的能量使文字变活了。每天上传的短文有120~250篇，从此，会员们的生活发生了惊人的变化。遗憾的是难以在这本书里一一赘述。

感恩也是一种习惯。应该养成不受外部影响总是在意好事的习惯。这不在于用头脑懂得道理，而要亲自实践，直到感恩之情渗透到你的身体里，那时你就会惊叹感恩的巨大力量。感恩是史上所有先驱教给我们的生活智慧的核心。

对现在的一切怀有感恩之情，自然而然对即将发生的事情也会感恩。想感受热情的力量，每天锻炼心理肌肉，就请到赵城姬的网上咖啡屋吧。赵城姬心理学校敞开大门欢迎大家。现在马上过来一起散发能量互相激励着前行吧。旅途中我们手挽手幸福快乐地远行。

Http://cafe.naver.com/oneamazinglife

为了我自己的精彩人生

谁都有极限。不过,有一个人证明了这种极限并非存在。

20世纪50年代初,田径专家们宣称4分钟跑完1公里是不可能的,这种结论一直到1956年都没有改变。甚至有人说:"人类可以征服珠穆朗玛峰、北极和南极,但4分钟跑完1公里是不可能的。如果4分钟跑完,人体的心肺机能就会出现问题。"随之,人们称它为"1公里的4分钟之墙",没有人敢想突破这道墙。

有个医科大学学生叫罗杰·班尼斯特(Roger Bannister)却挑战了这个结论。他怀着总有一天会冲破这个4分钟之墙的信念进行刻苦训练,终于在1954年5月6日,以3分59秒4创下了新的世界纪录。

有人问他突破纪录的原因,他说:"过去,不是我的心肺机能不能承担4分钟跑1公里,而是我自己相信不行。"他的事迹登上世界各国报纸的第一版。看到这个消息，其他选手也纷纷挑战这个记录，两年间居然有300人冲破了4分钟之墙。这个现象被称为"罗杰·班尼斯特现象"。罗杰·班尼斯特的奇迹在于他的精神跑得比4分钟还快。他决心超越人们制造的极限，并付诸了行动。

我们在生活中会面对无数个"不行"。我的学历不高，我的外貌不行，我没有依靠……然而，有的人却能超越这些墙。对谁也没做过，认为谁也不能做的事情，我内心里的信念可以改变，这一事实难道不神奇吗？这就是心理威力。

在你的心里想画什么画呢？检验一下你的生活。是否对曾经的经验、知识，对自己的能力设置极限并选择不能超越了呢？如果设置了极限，那么你将绝对不能超越。

我最崇拜古希腊演说家德莫斯蒂尼。他原来有严重口吃被人耻笑为残疾。有一天，发生财产纷争，由于他口吃输掉了这场官司。这件事对他的冲击太大了，从此他3年不出门在地下室刻苦训练。3年后，他出现在人们面前时，曾经被当作傻瓜的他一鸣惊人成了雄辩家。

下面是德莫斯蒂尼自传里的故事。

"我是天生的磕巴，而且发音也不正。我的肺气不足，不能说长句子，因此遭到人们的歧视。我为了发好音，口里咬着石子进行练习直到出血为止。为了增强肺活量拼命爬山，曾有5次累倒昏迷不醒。我为了克服耸肩的姿势站在刀刃下不停地活动身子，为了积累知识把头发和眉毛剃掉一半，坚持在地下室学习研究。为了写出好的演讲稿，有一部演说家的书我曾抄写过8遍。从此，我改变了自己和许多人的人生。"

马库斯·图留斯·西塞罗（Marcus Tullius Cicero）和德莫斯蒂尼是古希腊最杰出的演说家。西塞罗的演说一结束，人们站起来欢呼："太好了！"而德莫斯蒂尼的演讲结束，人们就喊："要行动起来，马上！"

德莫斯蒂尼曾经为自己的口吃难过，害怕别人嘲笑他，不愿意见人，还得过抑郁症。他读了《自己的命运自己解决》的一本书后开始变了。

即使现在你一无所有，身处黑暗，没人瞧得起你，孤独，悲惨也不要怕，这是你绝好的机会。趁此，你在沉默中时会使自己更加坚强。

周围的人对你说什么也不要紧，只要你自己认为可能，就可以做。把自己关在框框里设置极限生活的时候，我每天满足现状，但心里难免空虚。现在我不满足现状，我无比珍惜时间。人生需要自己去雕塑。能否完成完美的作品，完全在于自己。有什么样的想法就有什么样的人生。现在的"我"是我昨天为止所想的模样。想挑战人生的新阶段，就要不停地挑战。

如果大家心里产生了改变人生的想法，就不要犹豫不决了。需要时机一到，马上开始。

人生只有一次，应该过得充实，幸福，精彩。不要再浪费时间了。

希望大家能够做到，走完人生之旅回首往事时微笑着说："是啊，我生活得很好。我的人生很精彩。我没有遗憾。"

我满怀着爱为大家虔诚祈祷!

为大家拥有仅有一次的神奇人生而祈祷!

Cheers！

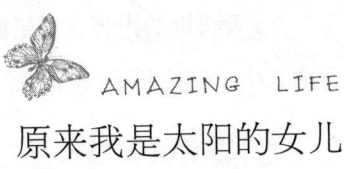

原来我是太阳的女儿

我现在到韩国奖学财团主办的领导才能营地给600名大学生讲课。一开始学生不怎么感兴趣。我拿着扩音器热切地看着学生的眼睛兴致勃勃地讲解心理威力的重要性。我讲我的童年,大声告诉他们现在你怎么想,3年、5年、10年后你的人生就会发生难以想象的变化。学生忽闪着眼睛开始注意听讲了。我说:"我们在这里相识是有理由的。听了我的课,现在你下怎样的决心,随之你们的能量也会发生变化。我们的内心有无限的可能性。发现这个沉睡的巨人,并唤醒它的人,除了自己不会有其他人。我们是为了幸福而出生的。你们不应该不幸福。"

"人生只有一次。仅有一次的人生,是不是应该活得幸福精彩呢?我曾经决心改变我的人生。自从做了选择的那一刻开始,我的人生发生了180度大转变。我能做到,你们也可以做到。"

"今天我讲的内容，只要能实践其中的3点，你们就会改变自己的人生。创造属于自己的神奇人生，你们准备好了吗？"

"准备好了！"

随着响亮的喊声会场里响起了雷鸣般的掌声。

定神一看，传来了人们的欢呼声。人们朝着坐在地上的我高喊"加油！加油！还剩5公里"！跑到37公里处，我支撑不住瘫坐在地上。这一瞬间我感到已经达到了临界点。这就是99度地点，超越临界点再跑1度，就会到达目的地。

瞬间，我精神抖擞拼命站起来继续往前奔跑。朝着我向往的自由，想象跑完全程的自己形象，就这样跑了1公里。到了38公里处，身体恢复了，感觉身子更轻松了。我明白已经冲破了恐惧之墙，跑过临界点就能遇见我向往的自由了……

跑过最后一个地点奥林匹克公园的拱门踏入跑道的瞬间，我全身的细胞迅速活跃起来。我用尽浑身的力量超越五六个人冲向了终点。

终于用4个小时22分跑完了马拉松全程。我忍不住狂喜流下了热泪。

参加马拉松，我仅仅训练了一个半月。这不是输赢的问题，是送走过去的我成为我人生真正主人的象征，是一次转折。

黑夜的女儿站在太阳前

昂首挺胸，温暖的太阳照射我

再也不会回到黑暗里

再也不会怀着愤怒和悲哀回首往事

原来我以为自己生来就是黑夜的女儿，这辈子不会看到一线光明，只能生活在漆黑的洞内。我的心里充满了不满和愤怒，我为自己辩解：我之所以苦，是因为我出生为黑夜的女儿。我在黑洞里彷徨恐惧。

有一天，我跟着一缕阳光从黑洞走了出来。走出黑洞的过程中，我懂得了很多道理，跌倒了，爬起来，不屈不挠，变得异常坚强。这样终于爬出黑洞看到迎面的太阳，我对得起受过的苦。

这时我才明白，原来我是太阳的女儿！由于我经历了黑洞里的痛苦彷徨，所以我想告诉这块土地上许许多多黑夜的儿女：请记住，我们不是黑夜的儿女，而是爱的存在，所有受过的苦都会酿成蜜……

我想直到我离开这个世界，我要帮助黑夜的儿女们堂堂正正地站在太阳前。所以，我先走出了黑洞，这是我的宿命，是我存在的理由。这就是爱。

尾声

从济州岛飞回首尔的飞机上,我激动不已,热泪盈眶。4个月来,为了写这部书,我夜以继日,废寝忘食,为了插图照片进行了3个月的瘦身锻炼。把写好的稿件交给出版社后,为了奖励自己,我独自一人去济州岛旅行。一到那里就看见竞相开放的樱花落英缤纷,仿佛在祝贺我。回首尔前,我来到大海边站在初升的太阳前伸展双臂,感到一股喜悦感激之情涌上心头。我百感交集,想象读这本书的读者心里将充满爱意和感恩之情,我情不自禁地说"谢谢!谢谢"!流下了感激的泪水。

如果不学习心理威力,不把它应用到自己的人生,就不会有今天的我,今天的奇迹。我想告诉所有的人:黑夜的女儿我能做到的,你们也能做到!

说实话,公开我的儿时生活,我有些不情愿。回忆使痛苦的往事如同电影一幕一幕再现在我眼前,我心情郁闷,难以静下心来写作。同时也觉得写往事对不起父母,所以写了又删,删了又写,甚至几周难以执笔写下去。

我反复想着写这本书的理由和愿望,不断地给自己打气。我想,读这本书和不读这本书的人,他们的心灵一定会有差距。只要读了这本书的人,就会有勇气挑战神奇的人生。这种信念以及我对读者满腔的爱,使我终于完成了这本书。

以后,我将勇敢地挑战下一个阶段。我将通过"赵城姬心理学校"教给更多的人掌握心理威力这个强有力的工具。如同幼虫变成蝴蝶在花海里飞舞,我希望更多的人在阳光灿烂的美好人间幸福地生活。我将努力让"赵城姬心理学校"从韩国走向亚洲乃至全世界。

向通过我的第一本书相识的各位读者表示诚挚的谢意。我为每一个读者祈祷,希望各位能够唤醒自己内心里的巨人为自己创造感人的精彩人生。

> 你可以创造仅有一次的神奇人生!
> 充实而幸福的人生主人就是你!
> 美丽而神奇的你!
> 祝你朝着灿烂的阳光飞翔!
> 你站在太阳前流淌幸福泪水的日子
> 为了变化的你,我也流着幸福的泪
> 用满心的爱为你热烈鼓掌!

赵城姬